高层钢结构设计要点

施岚青 陈 嵘 主编

中国建筑工业出版社

第1章 钢结构体系与钢材

《高层民用建筑钢结构设计规程》JGJ 99－2015 适用范围：

1.0.2 本规程适用于 10 层及 10 层以上或房屋高度大于 28m 的住宅建筑以及房屋高度大于 24m 的其他高层民用建筑钢结构的设计、制作与安装。

书中的《规程》均指《高层民用建筑钢结构技术规程》。

1.1 钢 结 构 体 系

1.1.1 体系与选型

如图 1.1-1 所示，根据抗侧力结构的力学模型和受力特点，可将高层建筑钢结构分为 4 类结构体系：1. 框架结构；2. 框架-支撑结构，框架-延性墙板；3. 筒体结构；4. 巨型框架结构。图中表示各类结构适用的层数范围。《规程》给出了相关规定：

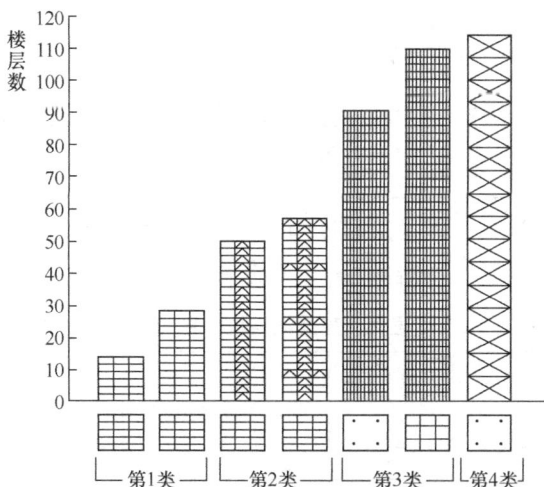

图 1.1-1 结构体系分类

3.2.1 高层民用建筑钢结构可采用下列结构体系：

    1 框架结构；

    2 框架-支撑结构；包括框架-中心支撑、框架-偏心支撑和框架-屈曲约束支撑结构；

    3 框架-延性墙板结构；

    4 筒体：包括框筒、筒中筒、桁架筒和束筒结构；

    5 巨型框架结构。

《规程》将上述结构体系分为三类：

1. 框架结构，框架支撑结构：包括框架-中心支撑、框架偏心支撑。

3.2.4 房屋高度不超过 50m 的高层民用建筑可采用框架、框架-中心支撑；超过 50m 的高层民用建筑，8、9 度时宜采用框架-偏心支撑。

2. 框架屈曲约束支撑结构，框架-延性墙板结构。

7.8.1 钢板剪力墙的设计，应符合本规程附录 B 的有关规定。

7.8.2 无粘结内藏钢板支撑墙板的设计，应符合本规程附录 C 的有关规定。

7.8.3 钢框架-内嵌竖缝混凝土剪力墙板的设计，应符合本规程附录 D 的有关规定。

7.8.4 屈曲约束支撑的设计，应符合本规程附录 E 的有关规定。

3. 筒体结构：包括框筒、筒中筒、桁架筒和束筒结构，巨型框架结构。

1.1.2 最大高度和最大高宽比

《规程》对于房屋最大适用高度的规定与《建筑抗震设计规范》GB 50011-2010 基本相同，仅在表中增加了框架-屈曲约束支撑一项。

3.2.2 非抗震设计和抗震设防烈度为 6 度至 9 度的乙类和丙类高层民用建筑钢结构适用的最大高度应符合表 3.2.2 的规定。

表 3.2.2 高层民用建筑钢结构适用的最大高度（m）

结构体系	6 度,7 度 (0.10g)	7 度 (0.15g)	8 度 (0.20g)	(0.30g)	9 度 (0.40g)	非抗震 设计
框架	110	90	90	70	50	110
框架-中心支撑	220	200	180	150	120	240
框架-偏心支撑 框架-屈曲约束支撑 框架-延性墙板	240	220	200	180	160	260

结构体系	6度,7度 (0.10g)	7度 (0.15g)	8度 (0.20g)	(0.30g)	9度 (0.40g)	非抗震设计
筒体（框筒，筒中筒，桁架筒，束筒）巨型框架	300	280	260	240	180	360

注：1 房屋高度指室外地面到主要屋面板顶的高度（不包括局部突出屋顶部分）；
　　2 超过表内高度的房屋，应进行专门研究和论证，采取有效的加强措施；
　　3 表内筒体不包括混凝土筒；
　　4 框架柱包括全钢柱和钢管混凝土柱；
　　5 甲类建筑，6、7、8度时宜按本地区抗震设防烈度提高 1 度后符合本表要求，9度时应专门研究。

为了合理地宏观控制结构的刚度、整体稳定、承载能力和经济，《规程》给出建筑高宽比的限值要求，从结构安全角度来说这个要求不是必须满足的，它主要影响的是结构的经济性。

3.2.3 高层民用建筑钢结构的高宽比不宜大于表 3.2.3 的规定。

表 3.2.3　高层民用建筑钢结构适用的最大高宽比

烈　度	6、7	8	9
最大高宽比	6.5	6.0	5.5

注：1 计算高宽比的高度从室外地面算起；
　　2 当塔形建筑底部有大底盘时，计算高宽比的高度从大底盘顶部算起。

1.1.3　抗震等级

《规程》对各设防类别高层民用建筑钢结构采取的抗震措施（包括抗震构造措施），与《建筑工程抗震设防分类标准》GB 50223 的规定一致。

历次地震经验表明，建筑建造于Ⅰ类场地时震害较轻，建造于Ⅲ、Ⅳ类场地的震害较重。因此，规范对这三类场地的抗震构造措施进行了调整。

《规程》规定：

3.7.1　各抗震设防类别的高层民用建筑钢结构的抗震措施应分别符合现行国家标准《建筑工程抗震设防分类标准》GB 50223 和《建筑抗震设计规范》GB 50011 的有关规定。

3.7.1 条文说明　Ⅰ类建筑场地上高层民用建筑抗震构造措施放松要求与现行国家标准《建筑抗震设计规范》GB 50011 的规定一致。

《建筑抗震设计规范》规定：

8.1.3 钢结构房屋应根据设防分类、烈度和房屋高度采用不同的抗震等级，并应符合相关的计算和构造措施要求。丙类建筑的抗震等级应按表 8.1.3 确定。

表 8.1.3 钢结构房屋的抗震等级

房屋高度	烈 度			
	6	7	8	9
≤50m		四	三	二
>50m	四	三	二	一

注：1 高度接近或等于高度分界时，应允许结合房屋不规则程度和场地、低级条件确定抗震等级；
  2 一般情况，构件的抗震等级应与结构相同；当某个部位各构件的承载力均满足 2 倍地震作用组合下的内力要求时，7～9 度的构件抗震等级应允许降低一度确定。

3.3.2 建筑场地为Ⅰ类时，对甲、乙类的建筑应允许仍按本地区抗震设防烈度的要求采取抗震构造措施；对丙类的建筑应允许按本地区抗震设防烈度降低一度的要求采取抗震构造措施，但抗震设防烈度为 6 度时仍应按本地区抗震设防烈度的要求采取抗震构造措施。

《规程》规定：

3.7.2 当建筑场地为Ⅲ、Ⅳ类时，对设计基本地震加速度为 0.15g 和 0.30g 的地区，宜分别按抗震设防烈度 8 度（0.20g）和 9 度时各类建筑的要求采取抗震构造措施。

3.7.3 抗震设计时，高层民用建筑钢结构应根据抗震设防分类、烈度和房屋高度采用不同的抗震等级，并应符合相应的计算和构造措施要求。丙类建筑的抗震等级应按现行国家标准《建筑抗震设计规范》GB 50011 的有关规定确定。对甲类建筑和房屋高度超过 50m，抗震设防烈度 9 度时的乙类建筑应采取更有效的抗震措施。

1.2 材　料

1.2.1 材料强度及选用

工程经验表明，以高层民用建筑钢结构为代表的现代钢结构对钢材的品种、质量和性能有更高的要求，也要求在设计选材中更要做好优化必选工作。《规程》列出了可选钢材的强度指标：

4.2.1 各牌号钢材的设计用强度值应按表 4.2.1 采用。

表 4.2.1 设计用钢材强度值（N/mm²）

钢材牌号		钢材厚度或直径（mm）	钢材强度		钢材强度设计值			
			抗拉强度最小值 f_u	屈服强度最小值 f_y	抗拉、抗压、抗弯 f	抗剪 f_v	端面承压（刨平顶紧）f_{ce}
碳素结构钢	Q235	≤16	370	235	215	125	320
		>16，≤40		225	205	120	
		>40，≤100		215	200	115	
低合金高强度结构钢	Q345	≤16	470	345	305	175	400
		>16，≤40		335	295	170	
		>40，≤63		325	290	165	
		>63，≤80		315	280	160	
		>80，≤100		305	270	155	
	Q390	≤16	490	390	345	200	415
		>16，≤40		370	330	190	
		>40，≤63		350	310	180	
		>63，≤100		330	295	170	
	Q420	≤16	520	420	375	215	440
		>16，≤40		400	355	205	
		>40，≤63		380	320	185	
		>63，≤100		360	305	175	
建筑结构用钢	Q345GJ	>16，≤50	490	345	325	190	415
		>50，≤100		335	300	175	

注：表中厚度系指计算点的钢材厚度，对轴心受拉和受压杆件系指截面中较厚板件的厚度。

根据钢材的性能和工程经验，《规程》规定或推荐了各牌号的钢材的应用范围。

4.1.2 钢材的牌号和质量等级应符合下列规定：

  1 主要承重构件所用钢材的牌号宜选用 Q345 钢、Q390 钢，一般构件宜选用 Q235 钢；

  2 主要承重构件所用较厚的板材宜选用高性能建筑用 GJ 钢板；

  3 外露承重钢结构可选用 Q235NH、Q345NH 或 Q415NH 等牌号的焊接耐候钢；

  4 承重构件所用钢材的质量等级不宜低于 B 级。

1.2.2 材料指标

高层民用建筑钢结构承重构件钢材应有基本的性能要求，对①屈服强度、②抗拉强度、③伸长率、④冷弯试验、⑤碳、硫、磷等化学成分这五项指标应有合格保证。

> **4.1.3** 承重构件所用钢材应具有屈服强度、抗拉强度、伸长率等力学性能和冷弯试验的合格保证；同时尚应具有碳、硫、磷等化学成分的合格保证。

钢材的质量等级分为 A、B、C、D 四级，质量由低到高排列，A 级质量最差，D 级质量最好。A 级钢只保证抗拉强度、屈服点和伸长率，对冲击韧性无要求，不保证碳、锰的含量，不宜用于焊接承重结构。B、C、D 级钢均能保证抗拉强度、屈服点、伸长率、冷弯性能和冲击韧性等力学性能，也保证其化学成分碳、硫、磷的极限含量。

> **4.1.4** 高层民用建筑中按抗震设计的框架梁、柱和抗侧力支撑等主要抗侧力构件，其钢材性能要求尚应符合下列规定：
> **1** 钢材抗拉性能应有明显的屈服台阶，其断后伸长率 A 不应小于 20%；
> **2** 钢材屈服强度波动范围不应大于 120N/mm²，钢材实物的实测屈强比不应大于 0.85；
> **3** 抗震等级为三级及以上的高层民用建筑钢结构，其主要抗侧力构件所用钢材应具有与其工作稳定相应的冲击韧性合格保证。

如图 1.2-1 所示，钢材的抗拉性能应有明显的 BC 段屈服台阶。如图 1.2-2 所示，断后伸长率 $A = (l - l_0)/l_0 \times 100\%$ 不应小于 20%。

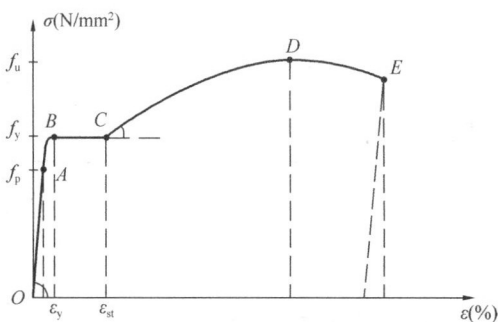

图 1.2-1 应力-应变曲线

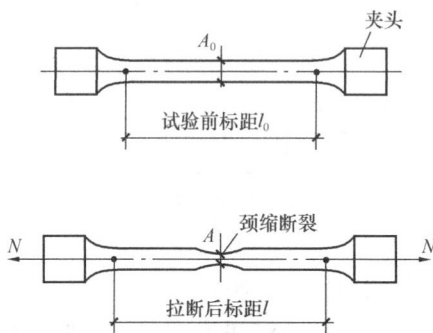

图 1.2-2 伸长率试验示意

为了在罕遇地震时构件具有一定的强度储备，能够产生塑性变形，钢材的实测屈强比不应大于 0.85，$f_y/f_u \leqslant 0.85$。这样保证了塑性铰有足够的转动能力与耗能能力。同时，为了保证钢材实物产品的屈强比不会有较大波动，《规程》补充提出钢材的屈服强度波动范围不应大于 $120N/mm^2$ 的要求。

《规程》对钢材冲击韧性的要求做了详细说明：

> **4.1.4 条文说明** 在强烈的交变地震作用下，承重钢结构的工作条件与失效模式与静载作用下的结构是完全不同的。罕遇地震时，较大的频率一般为（1～3）Hz，造成建筑物破坏的循环周次通常在（100～200）周以内，因而使结构带有高应变低周疲劳工作的特点，并进入非弹性工作状态。这就要求结构钢材在有较高强度的同时，<u>还应具有适应更大应变与塑性变形的延性和韧性性能</u>，从而实现地震作用能量与结构变形能量的转换，有效地减小地震作用，达到结构大震不倒的设防目标。

随着钢材生产工艺的提高，出现了新型高强度、高性能结构钢材，但目前钢结构设计规范和钢材标准对结构钢材的力学性能指标有严格的限值要求，比如屈服平台、屈强比、断后伸长率，这些指标限制了高强度钢材在钢结构中的应用。如图 1.2-3 所列国产 Q460 钢，欧洲 S690、S960 钢的应力-应变曲线，图中 Q460 钢的屈服平台末端对应的应变值 ε_{st} 为 2%，普通钢材屈服平台的应变从 0.2% 到 2.5%。而且钢材强度提高后屈强比增大，断后伸长率减小。这些因素制约了高强度钢材在钢结构中的应用。

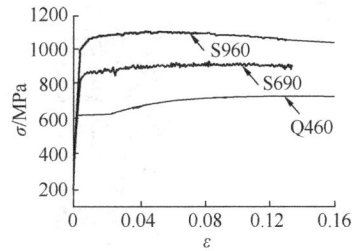

图 1.2-3 不同钢材的
应力-应变曲线

第2章 风 荷 载

2.1 横 风 向 振 动

图 2.1-1b 记录了 162m 高层建筑楼顶在风荷载作用下的运动轨迹，图中轨迹说明，高层建筑顶部不仅在顺风向发生位移，在横风向也发生位移，显然横风向的位移不能忽略。对此类问题，《建筑结构荷载规范》GB 50009－2012 规定：

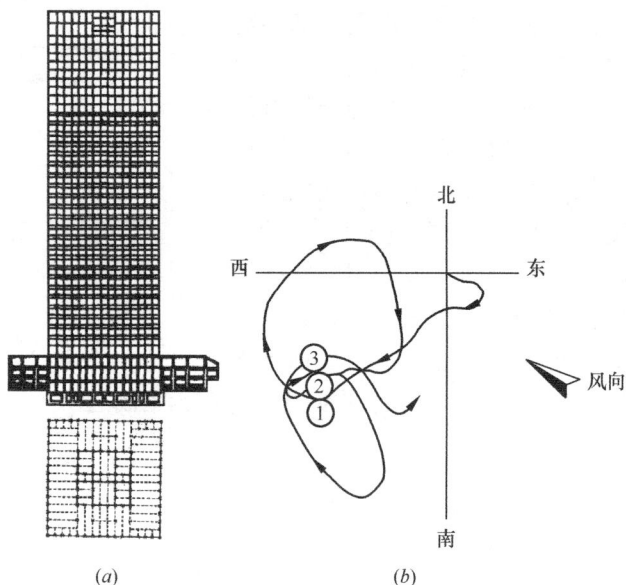

图 2.1-1　横风向振动示意
（a）建筑立面和平面图；（b）大风作用下楼顶运动轨迹

8.5.2，8.5.3 条文说明　当建筑物受到风力作用时，不但顺风向可能发生风振，而且在一定条件下也能发生横风向的风振。

8.5.1　对于横风向风振作用效应明显的高层建筑以及细长圆形截面构筑物，宜考虑横风向风振的影响。

8.5.1 条文说明　一般而言，建筑高度超过 150m 或高宽比大于 5 的高层建筑可出现较为明显的横风向风振效应，并且效应随着建筑高度或建筑高宽比增加而增加。细长圆形截面构筑物一般指高度超过 30m 且高宽比大于 4 的构筑物。

对于圆柱形结构，漩涡脱落频率与结构自振频率相近，可能发生共振，这种情况可用雷诺数描述。雷诺数 R_e 是惯性力与黏性力之比，属于空气动力学中一个重要参数。图 2.1-2 从左到右，体现了随着风速增加雷诺数增大的规律。

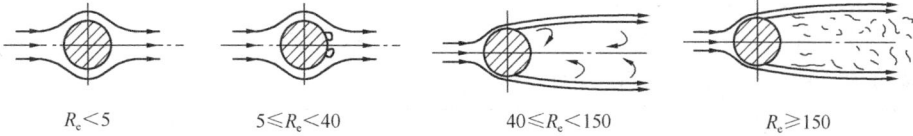

$R_e<5$ $5\leqslant R_e<40$ $40\leqslant R_e<150$ $R_e\geqslant150$

图 2.1-2　流体绕过圆柱体时流动情况

图 2.1-3 中，当雷诺数达到一定值时空气中产生旋涡，旋涡离开圆柱体后产生脱落。当风速低时两侧的漩涡脱落同时发生，此时结构仅产生顺风向风振。图 2.1-4 中，方形截面建筑在风作用下，两侧的漩涡不对称脱落，对建筑物产生横向冲击，导致建筑发生横风向振动并产生横风向位移，横风向风振可等效为横风向荷载。

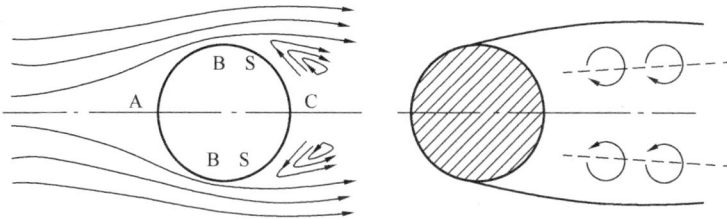

图 2.1-3　旋涡的产生、脱离示意

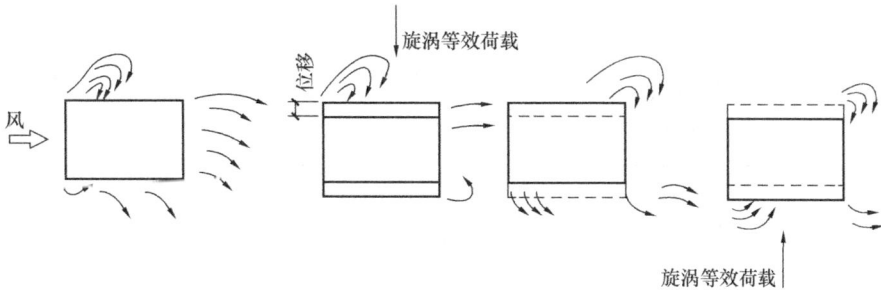

图 2.1-4　横风向振动

如图 2.1-5 所示，在较高风速时依次从两侧脱落，此横向冲击是左一次右一次依次在建筑物左右轮流作用，其频率恰好是顺风向冲击频率的一半。《烟囱设计规范》GB 50051－2013 说明了这种物理现象：

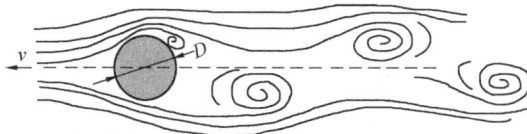

图 2.1-5　漩涡依次脱落

2.1.16 横风向风振

在烟囱背风侧产生的漩涡脱落频率较稳定且与结构自振频率相等时，产生的横风向的共振现象。

5.2.4 对于圆形钢筋混凝土烟囱，当其坡度小于或等于 2‰ 时，应根据雷诺数的不同情况进行横风向风振验算。

《规程》指出：

3.5.6 条文说明 圆筒形高层民用建筑有时会发生横风向的涡流共振现象，此种振动较为显著，但设计是不允许出现横风向共振的，应予避免。一般情况下，设计中用房屋建筑顶部风速来控制。

3.5.6 圆筒形高层民用建筑顶部风速不应大于临界风速，顶部风速、临界风速应按下列公式验算：

$$v_n < v_{cr} \tag{3.5.6-1}$$

$$v_{cr} = 5D/T_1 \tag{3.5.6-2}$$

$$v_n = 40\sqrt{\mu_z w_0} \tag{3.5.6-3}$$

式中　v_n——圆筒形高层民用建筑顶部风速（m/s）；

　　　μ_z——风压高度变化系数；

　　　w_0——基本风压（kN/m²），按现行国家标准《建筑结构荷载规范》GB 50009 的规定取用；

　　　v_{cr}——临界风速（m/s）；

　　　D——圆筒形建筑的直径（m）；

　　　T_1——圆筒形建筑的基本自振周期（s）。

2.2 抗 风 设 计

高层钢结构抗风设计时，应选择合适的体型减小横风向振动，还应进行（1）承载力；（2）楼层层间最大位移；（3）舒适度的计算。

2.2.1 建筑形体

《规程》规定：

3.3.7 高层民用建筑，宜采用有利于减小横风向振动影响的建筑形体。

3.3.7 条文说明 高层民用建筑钢结构的刚度较小，容易出现对舒适度不利的横风向振动，通过采用合适的建筑形体，可减小横风向振动的影响。

图 2.2-1　建筑形体

如图 2.2-1 所示，方形、圆形、正六边形、正八边形和矩形、椭圆形等双轴对称的平面形状可有利于减小横风向振动的影响。

2.2.2　承载力

1. 顺风向荷载

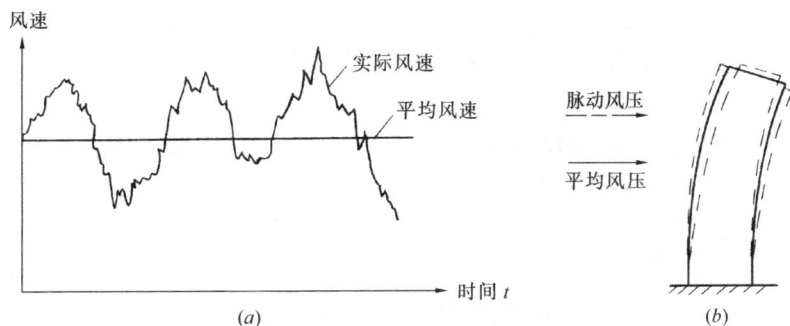

图 2.2-2　脉动风压和平均风压

如图 2.2-2 所示，顺风向风荷载产生的效应由平均风和脉动风两部分组成（图 2.2-2a）：平均风压对结构的作用相当于静力（图 2.2-2b 实线部分）；脉动风压对结构产生顺风向振动（图 2.2-2b 虚线部分）。对于顺风向振动的计算条件，《规程》规定：

5.2.2　对于房屋高度大于 30m 且高宽比大于 1.5 的房屋，应考虑风压脉动对结构产生顺风向振动的影响。

《建筑结构荷载规范》规定了顺风向风荷载的计算公式：

8.4.3　结构的顺风向风荷载可按公式（8.1.1-1）计算。

$$w_k = \beta_z \mu_s \mu_z w_0 \qquad (8.1.1\text{-}1)$$

式中　　w_k——风荷载标准值（kN/m²）；

　　　　β_z——高度 z 处的风振系数；

　　　　μ_s——风荷载体型系数；

　　　　μ_z——风压高度变化系数；

　　　　w_0——基本风压（kN/m²）。

Z 高度处的风振系数 β_z 可按下式计算：

$$\beta_z = 1 + 2gI_{10}B_z\sqrt{1+R^2} \qquad (8.4.3)$$

式中　g——峰值因子，可取 2.5；

　　　I_{10}——10m 高度名义湍流强度，对应 A、B、C 和 D 类地面粗糙度，可分别取 0.12、0.14、0.23 和 0.39；

　　　R——脉动风荷载的共振分量因子；

　　　B_z——脉动风荷载的背景分量因子。

2. 横风向荷载

《规程》规定：

5.2.2　对横风向风振作用效应或扭转风振作用效应明显的高层民用建筑，应考虑横风向风振或扭转风振的影响。

5.2.2 条文说明　横风向风振作用效应明显一般是指房屋高度超过 150m 或者高宽比大于 5 的高层民用建筑钢结构。

《建筑结构荷载规范》附录 H 规定：

H.1　圆形截面结构横风向风振等效风荷载

H.1.1　1　等效风荷载标准值 $w_{Lk,j}$（kN/m²）可按下式计算：

$$w_{Lk,j} = |\lambda_j|v_{cr}^2\phi_j(z)/12800\zeta_j \qquad (H.1.1-1)$$

式中　λ_j——计算系数；

　　　v_{cr}——临界风速，按本规范（8.5.3-2）计算；

　　　$\phi_j(z)$——结构的第 j 振型系数，由计算确定或按本规范附录 G 确定；

　　　ζ_j——结构第 j 振型的阻尼比；对第 1 振型，钢结构取 0.01，房屋钢结构取 0.02，混凝土结构取 0.05；对高阶振型的阻尼比，若无相关资料，可近似按第 1 振型的值取用。

H.2　矩形截面结构横风向风振等效风荷载

H.2.2　矩形截面高层建筑横风向风振等效风荷载标准值可按下式计算：

$$w_{Lk} = gw_0\mu_z C_L'\sqrt{1+R_L^2} \qquad (H.2.2)$$

式中　w_{Lk}——横风向风振等效风荷载标准值（kN/m²），计算横风向风力时乘以迎风面的面积；

　　　g——峰值因子，可取 2.5；

　　　C_L'——横风向风力系数；

　　　R_L——横风向共振因子。

3. 基本风压的调整

《规程》规定：

5.2.4 基本风压按现行国家标准《建筑结构荷载规范》GB 50009 的规定采用。对风荷载比较敏感的高层民用建筑，承载力设计时应按基本风压的 **1.1** 倍采用。

5.2.4 条文说明 对风荷载是否敏感，主要与高层民用建筑的体型、结构体系和自振特性有关，目前尚无实用的划分标准。一般情况下高度大于 60m 的高层民用建筑，承载力设计时风荷载计算可按基本风压的 1.1 倍采用。

---

4. 体型系数

通过对国家标准《建筑结构荷载规范》有关规定的简化和整理，以便设计，《规程》规定：

5.2.5 计算主体结构的风荷载效应时，风荷载体型系数 μ_s 可按下列规定采用：

1 对平面为圆形的建筑可取 0.8。

2 对平面为正多边形及三角形的建筑可按下式计算：

$$\mu_s = 0.8 + 1.2/\sqrt{n}$$

式中 μ_s——风荷载体型系数；

n——多边形的边数。

3 高宽比 H/B 不大于 4 的平面为矩形、方形和十字形的建筑可取 1.3。

4 下列建筑可取 1.4：

1）平面为 V 形、Y 形、弧形、双十字形和井字形的建筑；

2）平面为 L 形和槽形及高宽比 H/B 大于 4 的平面为十字形的建筑；

3）高宽比 H/B 大于 4、长宽比 L/B 不大于 1.5 的平面为矩形和鼓形的建筑。

5 在需要更细致计算风荷载的场合，风荷载体型系数可由风洞试验确定。

5.2.6 当多栋或群集的高层民用建筑相互间距较近时，宜考虑风力相互干扰的群体效应。一般可将单栋建筑的体型系数 μ_s 乘以相互干扰增大系数，该系数可参考类似条件的试验资料确定，必要时通过风动试验或数值技术确定。

5.2.7 房屋高度大于 200m 或有下列情况之一的高层民用建筑，宜进行风洞试验或通过数值技术判断确定其风荷载：

1 平面形状不规则，立面形状复杂；

2 立面开洞或连体建筑；

---

3 周围地形和环境较复杂。

5.2.8 计算檐口、雨篷、遮阳板、阳台等水平构件的局部上浮风荷载时，风荷载体型系数 μ_s 不宜大于 -2.0。

5.2.9 设计高层民用建筑的幕墙结构时，风荷载应按国家现行标准《玻璃幕墙工程技术规范》JGJ 102、《金属与石材幕墙工程技术规范》JGJ 133、《人造板材幕墙工程技术规范》JGJ 336 和《建筑结构荷载规范》GB 50009 的有关规定采用。

5.2.5 条至 5.2.9 条可总结为表 2.2-1。

风荷载体型系数　　　　　　　　　　　　　表 2.2-1

主体结构	单体建筑	总体计算	体形系数		相关条文	备注
			圆形 ○	$\mu_s=0.8$		
			正三角形、正多边形 △ □ ⬡	$\mu_s=0.8+1.2\sqrt{n}$		n 为正多边形的边数
			$H/B\leqslant 4$ 的矩形、方形、十字形 □ □ ✚	$\mu_s=1.3$		
			V 形、Y 形、弧形		5.2.5-1～4	
			双十字形和井字形	$\mu_s=1.4$		
			L 形和槽形、高宽比大于 4 的十字形			

14

			体形系数	相关条文	备注
主体结构	单体建筑	总体计算	高宽比 H/B 大于 4、长宽比 L/B 不大于 1.5 的矩形　　　　鼓形 矩形：$H/B>4,L/B\leq1.5$　　鼓形 注：鼓形建筑承受水平向左的风荷载时， 体形系数可参考圆形建筑　　　$\mu_s=1.4$	5.2.5-1~4	
			$H>200\text{m}$； 平面形状不规则，立面形状复杂；立面 开洞或连体建筑；周围地形和环境复杂	由风洞试验 或数值技术 确定	5.2.7	
		细致计算	μ_s：风洞试验确定	5.2.5-5	
	群体建筑		宜考虑群体效应：$\mu_s\cdot$增大系数 增大系数由边界层风洞试验或数值技术确定	5.2.6	
维护结构	檐口、雨篷、遮阳板、阳台灯		局部上浮风荷载计算：$\mu_s\leq-2.0$	5.2.8	
	幕墙结构		《玻璃幕墙工程技术规范》JGJ 102-2013 风荷载≥1.0kN/m³	5.2.9	JGJ 102-2013，5.3.2 条
			《金属与石材幕墙工程技术规范》JGJ 133 风荷载≥1.0kN/m³		JGJ 133-2013，4.2.4 条
			《人造板材幕墙工程技术规范》JGJ 336		

2.2.3 楼层层间最大水平位移与层高之比

《规程》规定：

> **3.5.2** 在风荷载或多遇地震标准值作用下，按弹性方法计算的楼层层间最大水平位移与层高之比不宜大于 1/250。
>
> **5.2.3** 考虑横风向风振或扭转风振影响时，结构顺风向及横风向的楼层层间最大水平位移与层高之比应分别符合本规程第 3.5.2 条的规定。

2.2.4 舒适度

在强风作用下，钢结构高层建筑产生的振动有时会使人感到不适，影响工作和休息。而结构在侧移角符合限值要求时，不一定能满足风振舒适度的要求。人体感觉器官不能察觉位置的绝对位移和速度，但对相对变化的加速度比较敏感。风振加速度是脉动风作用下的动位移，所以结构的风振加速度是衡量人体对风振反应的标准。通过加速度分级的方法可描述人体对风振的反应，图 2.2-3 中的分级标准是：Ⓐ，无感觉；Ⓑ，有感觉；Ⓒ，令人烦躁；Ⓓ，令人非常烦躁；Ⓔ，无法忍受。

而且，人们在不同使用性质的房屋中的感受不一样。试验表明，人们在办公时对建筑物摆动的敏感性比在公寓休息时低一些；在纪念性建筑物观光时对摆动的敏感性更低。因此《高层民用建筑钢结构技术规定》根据建筑物的使用功能，即住宅、公寓和办公、旅馆给出不同的加速度限值：

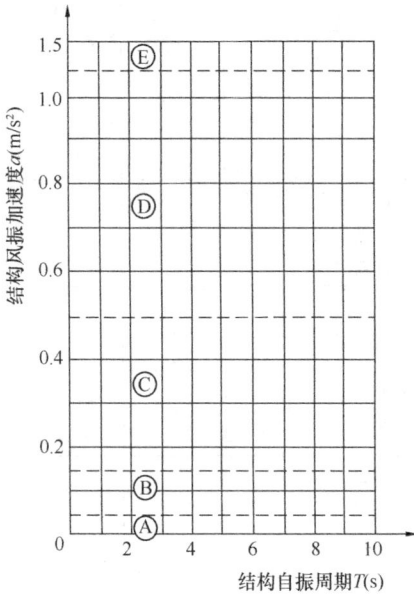

图 2.2-3　加速度分级

《建筑结构荷载规范》附录 J 给出了顺风向和横风向风振加速度计算方法：

J.1　顺风向风振加速度计算

J.1.1　体型和质量沿高度均匀分布的高层建筑，顺风向风振加速度可按下式计算：

$$a_{D,z} = \frac{2gI_{10}w_R\mu_s\mu_z B_z \eta_a B}{m} \tag{J.1.1}$$

式中　$a_{D,z}$——高层建筑 z 高度顺风向风振加速度（m/s²）；

　　　g——峰值因子，可取 2.5；

　　　I_{10}——10m 高度名义湍流度，对应 A、B、C 和 D 类地面粗糙度，可分别取 0.12、0.14、0.23 和 0.39；

　　　w_R——重现期为 R 年的风压（kN/m²）；可按本规范附录 E 公式（E.3.3）计算；

　　　B——迎风面宽度（m）；

　　　m——结构单位高度质量（t/m）；

　　　μ_z——风压高度变化系数；

　　　μ_s——风荷载体型系数；

　　　B_z——脉动风荷载的背景分量因子，按本规范公式（8.4.5）计算；

　　　η_a——顺风向风振加速度的脉动系数。

J.2　横风向风振加速度计算

J.2.1　体型和质量沿高度均匀分布的矩形截面高层建筑，横风向风振加速度可按下式计算：

$$a_{L,z} = \frac{2.8gw_R\mu_H B}{m}\phi_{L1}(z)\sqrt{\frac{\pi S_{F_L}C_{sm}}{4(\zeta_1+\zeta_{a1})}} \tag{J.2.1}$$

式中　$a_{L,z}$——高层建筑 z 高度横风向风振加速度（m/s²）；

　　　g——峰值因子，可取 2.5；

　　　w_R——重现期为 R 年的风压（kN/m²），可按本规范附录 E 第 E.3.3 条的规定计算；

　　　B——迎风面宽度（m）；

　　　m——结构单位高度质量（t/m）；

　　　μ_H——结构顶部风压高度变化系数；

　　　S_{F_L}——无量纲横风向广义风力功率谱，可按本规范附录 H 第 H.2.4 条确定；

　　　C_{sm}——横风向风力谱的角沿修正系数，可按本规范附录 H 第 H.2.5 条的规定采用；

$\phi_{L1}(z)$——结构横风向第 1 阶振型系数；

ζ_1——结构横风向第 1 阶振型阻尼比；

ζ_{a1}——结构横风向第 1 阶振型气动阻尼比，可按本规范附录 H 公式（H.2.4-3）计算。

第3章 地 震 作 用

3.1 抗 震 计 算 方 法

《建筑抗震规范规范》确立了"三水准设防，两阶段设计"的设防目标，《高层民用建筑钢结构技术规程》根据高层钢结构的特点规定：

5.3.2 高层民用建筑钢结构的抗震计算，应采用下列方法：

1 高层民用建筑钢结构宜采用振型分解反应谱法；对质量和刚度不对称、不均匀的结构以及高度超过100m的高层民用建筑钢结构应采用考虑扭转耦联振动影响的振型分解反应谱法。

2 高层不超过40m、以剪切变形为主且质量和刚度沿高度分布比较均匀的高层民用建筑钢结构，可采用底部剪力法。

3 7度～9度抗震设防的高层民用建筑，下列情况应采用弹性时程分析进行多遇地震下的补充计算。

　　1）甲类高层民用建筑钢结构；

　　2）表5.3.2所列的乙、丙类高层民用建筑钢结构；

　　3）不满足本规程第3.3.2条规定的特殊不规则的高层建筑钢结构。

表 5.3.2　采用时程分析的房屋高度范围

烈度、场地类别	房屋高度范围（m）
8度Ⅰ、Ⅱ类场地和7度	＞100
8度Ⅲ、Ⅳ类场地	＞80
9度	＞60

4 计算罕遇地震下的结构变形，应按现行国家标准《建筑抗震设计规范》GB 50011的规定，采用静力弹塑性分析方法或弹塑性时程分析法。

5 计算安装有消能减震装置的高层民用建筑的结构变形，应按现行国家标准《建筑抗震设计规范》GB 50011的规定，采用静力弹塑性分析方法或弹塑性时程分析法。

《高层民用建筑钢结构技术规程》采用附加偶然偏心作用的方法，考虑地面扭转运动、刚度和质量相对于计算假定的偏差、刚度退化等原因引起的结构扭转反应增大。

5.3.7 多遇地震下计算双向水平地震作用效应时可不考虑偶然偏心的影响，但应验算单向水平地震作用下考虑偶然偏心影响的楼层竖向构件最大弹性水平位移与最大和最小弹性水平位移平均值之比；计算单向水平地震作用效应时应考虑偶然偏心的影响。每层质心沿垂直于地震作用方向的偏移值可按下列公式计算：

方形及矩形平面　　　　　$e_i = \pm 0.05 L_i$ 　　　　　(5.3.7-1)

其他形式平面　　　　　$e_i = \pm 0.172 r_i$ 　　　　　(5.3.7-2)

式中　e_i——第 i 层质心偏移值（m），各楼层质心偏移方向相同；

　　　r_i——第 i 层相应质点所在楼层平面的转动半径（m）；

　　　L_i——第 i 层垂直于地震作用方向的建筑物长度（m）。

5.3.7 条文说明　采用底部剪力法计算地震作用时，也应考虑偶然偏心的不利影响。

当采用双向地震作用计算时，可不考虑偶然偏心的影响，但进行位移比计算时，按单向地震作用考虑偶然偏心影响计算。同时应与单向地震作用考虑偶然偏心的计算结果进行比较，取不利的情况进行设计。

对于地震作用计算的规定可总结为表 3.1-1。

不同情况下的地震作用计算方法　　　　　表 3.1-1

设计情况	地震作用方向	抗震计算方法	相关条文	扭转影响考虑方式	振型组合	备注
$H \leqslant 40$，以剪切变形为主且质量和刚度沿高度分布较均匀	两个水平方向分别计算水平地震	可采用底部剪力法	5.4.3	偶然偏心		
一般情况	两个水平方向分别计算水平地震	宜采用振型分解反应谱法（不考虑扭转耦联）	5.4.1	偶然偏心	周期比小于 0.85 时 SRSS	周期比大于 0.85 时采用 CQC 法
扭转特别不规则的结构	计算双向地震下扭转耦联的作用效应	应采用考虑扭转耦联的振型分解反应谱法	5.4.2-1～3	扭转耦联（不考虑偶然偏心）	CQC	
$H > 100m$，质量和刚度对称、均匀的结构	计算单向地震作用下扭转耦联的作用效应	应采用考虑扭转耦联的振型分解反应谱法	5.4.2-1、2	扭转耦联（不考虑偶然偏心）	CQC	

设计情况	地震作用方向	抗震计算方法	相关条文	扭转影响考虑方式	振型组合	备注
甲类建筑；不满足表3.3.2条的特殊不规则建筑；表5.3.2所列的乙、丙建筑	根据对应上述情况选择细分的振型分解反应谱法	振型分解反应谱法	5.3.2-3	参照上面		时程分析法指通过微分方程进行数值积分求解的方法，也称为直接动力法
		时程分析法（补充计算）		直接动力法		

3.2 地震作用计算

3.2.1 地震影响系数曲线

《高层民用建筑钢结构技术规程》规定：

5.3.6 建筑结构地震影响系数曲线。

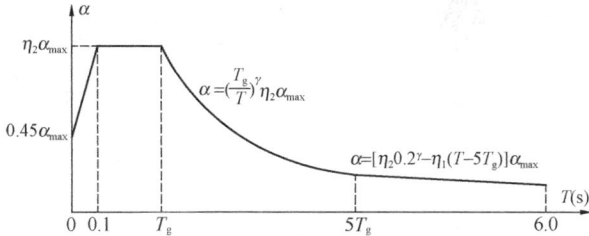

图 5.3.6 地震影响系数曲线

α—地震影响系数；α_{max}—地震影响系数最大值；η_1—直线下降段的下降斜率调整系数；

γ—衰减指数；T_g—特征周期；η_2—阻尼调整系数；T—结构自振周期

底部剪力法和振型分解反应谱法需用地震影响系数曲线计算地震作用，地震影响系数应根据①烈度、②场地类别、③设计地震分组、④结构自振周期、⑤阻尼比确定。下面着重讨论有高层钢结构特点的参数：阻尼比、结构自振周期。

1. 阻尼比

图3.2-1反应谱曲线表明，结构阻尼比 ξ 对质点最大加速度的影响显著，阻尼比大则最大加速度小，阻尼比小则最大加速度大。混凝土结构的阻尼比为0.05，钢结构的阻尼比小于0.05，因此阻尼比变化对钢结构最大加速度影响需要重视。

图3.2-2，98版《高层民用建筑钢结构技术规程》阻尼比取0.02，由于阻尼

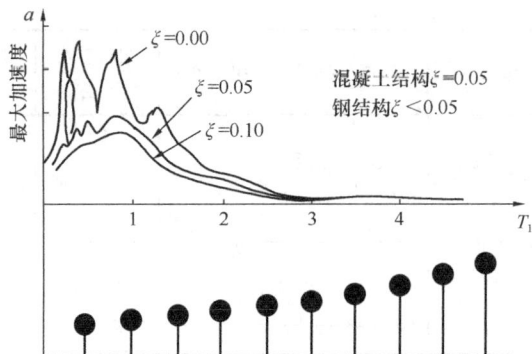

图 3.2-1　反应谱曲线

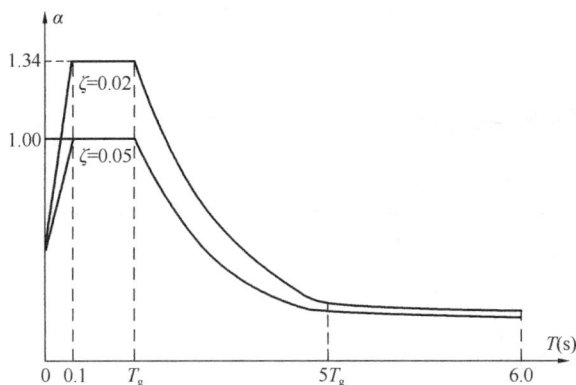

图 3.2-2　不同阻尼比的地震影响系数曲线

比取值较小，水平地震影响系数比混凝土结构增大较多。新版《高层民用建筑钢结构技术规程》调整了阻尼比取值方法，考虑不同条件给出不同的阻尼比，有利于减小地震影响系数，节约钢材。

《高层民用建筑钢结构技术规程》规定：

> **5.4.6**　高层民用建筑钢结构抗震计算时的阻尼比取值宜符合下列规定：
>
> **1**　多遇地震下的计算：高度不大于 50m 可取 0.04；高度大于 50m 且小于 200m 可取 0.03；高度小于 200m 时宜取 0.02；
>
> **2**　当偏心支撑框架部分承担的地震倾覆力矩大于地震总倾覆力矩的 50% 时，多遇地震下的阻尼比可比本条 1 款相应增加 0.005；
>
> **3**　在罕遇地震作用下的弹塑性分析，阻尼比可取 0.05。

当阻尼比不等于 0.05 时应对地震影响系数曲线进行调整，《高层民用建筑钢结构技术规程》规定：

5.3.6 2 当建筑结构的阻尼比不等于 0.05 时，地震影响系数曲线的阻尼调整系数和形状参数应符合下列规定：

1） 曲线下降段的衰减指数应按下式确定：

$$\gamma = 0.9 + \frac{0.05 - \xi}{0.3 + \xi}$$ 　　　　　（5.3.6-1）

式中　γ——曲线下降段的衰减指数；

ξ——阻尼比。

2） 直线下降段的下降斜率调整系数应按下式确定：

$$\eta_1 = 0.02 + \frac{0.05 - \xi}{4 + 32\xi}$$ 　　　　　（5.3.6-2）

式中　η_1——直线下降段的下降斜率调整系数，小于 0 时取 0。

3） 阻尼调整系数应按下式确定：

$$\eta_2 = 1 + \frac{0.05 - \xi}{0.08 + 1.6\xi}$$ 　　　　　（5.3.6-3）

式中　η_2——阻尼调整系数，当小于 0.55 时，应取 0.55。

2. 最小剪重比

《高层民用建筑钢结构技术规程》规定：

5.4.5 条文说明　由于地震影响系数在周期段下降较快，对于基本周期大于 3.5s 的结构，由此计算所得的水平地震作用下的结构可能过小。

出于结构安全的考虑，增加了对各楼层地震剪力最小值的要求，规定了不同设防烈度下的<u>楼层最小地震剪力系数值</u>。当不满足时结构水平地震总剪力和各楼层的水平地震剪力均需要进行相应的调整，或改变结构的刚度使之达到规定的要求。

但当基本周期为 3.5s～5.0s 的结构，计算的底部剪力系数比规定值低 15% 以内、基本周期为 5.0s～6.0s 的结构，计算的底部剪力系数比规定值低 18% 以内、基本周期大于 6.0s 的结构，计算的底部剪力系数比规定值低 20% 以内，不必采取提高结构刚度的办法来满足计算剪力系数最小值的要求，而是可采用本条关于剪力系数最小值的规定进行调整设计，满足承载力要求即可。

5.4.5　多遇地震水平地震作用计算时，结构各楼层对应于地震作用标准值的剪力应符合现行国家标准《建筑抗震设计规范》GB 50011 的有关规定。

《建筑抗震设计规范》规定：

5.2.5 抗震验算时，结构任一楼层的水平地震剪力应符合下式要求：

$$V_{eki} > \lambda \sum_{j=i}^{n} G_j \qquad (5.2.5)$$

式中 V_{eki}——第 i 层对应于水平地震作用标准值的楼层剪力；

      λ——剪力系数，不应小于表 5.2.5 规定的楼层最小地震剪力系数，对竖向不规则结构的薄弱层，尚应乘以 1.15 的增大系数；

      G_j——第 j 层的重力荷载代表值。

表 5.2.5 楼层最小地震剪力系数值

类 别	6 度	7 度	8 度	9 度
扭转效应明显或基本周期小于 3.5s 的结构	0.008	0.016(0.024)	0.032(0.048)	0.064
基本周期大于 5.0s 的结构	0.006	0.012(0.018)	0.024(0.036)	0.048

注：1 基本周期介于 3.5s 和 5s 之间的结构，按插入法取值；
    2 括号内数值分别用于设计基本地震加速度为 0.15g 和 0.30g 的地区。

《高层民用建筑钢结构技术规程》规定：

5.4.5 条文说明 扭转效应明显的结构，指楼层两端弹性水平位移（或层间位移）的最大值与其平均值的比值大于 1.2 倍的结构。

$$V_{eki} > \lambda \sum_{j=i}^{n} G_j$$

$$\frac{V_{eki}}{\sum_{j=i}^{n} G_j} > [\lambda] = \lambda_{min} \qquad (3.2\text{-}1)$$

公式（3.2-1）中 $[\lambda]$ 为剪重比限值。图 3.2-3 所示 23 层钢结构房屋，$\lambda_i = V_i / \sum G_j$ 表示每一层的剪重比，图中曲线为各层的楼层剪重比分布，竖向虚线为规定的最小剪重比 $[\lambda]$。小于 $[\lambda]$ 的下部各楼层应进行调整，使得楼层剪力 $V_i = [\lambda] \sum G_j$。

3. 水平地震影响系数最大值和特征周期

《高层民用建筑钢结构技术规程》规定：

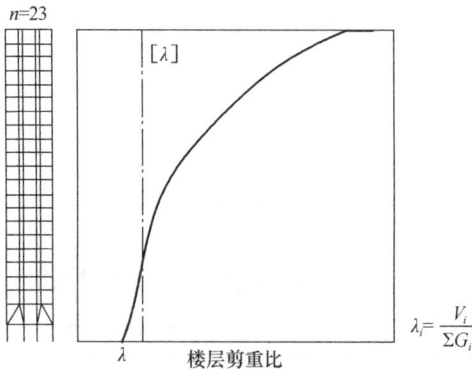

图 3.2-3 楼层剪重比分布

5.3.5 条文说明 本次按现行国家标准《建筑抗震设计规范》GB 50011 作了修订，补充中震参数和近场效应的规定；同时为了与结构抗震性能设计要求相适应，增加了设防烈度地震（中震）的地震影响系数最大值规定。

5.3.5 建筑结构的地震影响系数应根据烈度、场地类别、设计地震分组和结构自振周期以及阻尼比确定。其水平地震影响系数最大值 α_{max} 应按表 5.3.5-1 采用；对于发震断裂带两侧 10km 以内的建筑，尚应乘以近场效应系数。近场效应系数，5km 以内取 1.5，5～10km 取 1.25. 特征周期 T_g 应根据场地类别和设计地震分组按表 5.3.5-2 采用，计算罕遇地震作用时，特征周期应增加 0.05s。周期大于 6.0s 的高层民用建筑钢结构所采用的地震影响系数应专门研究。

表 5.3.5-1　水平地震影响系数最大值 a_{max}

地震影响	6 度	7 度	8 度	9 度
多遇地震	0.04	0.08(0.12)	0.16(0.24)	0.32
设防地震	0.12	0.23(0.34)	0.45(0.68)	0.90
罕遇地震	0.28	0.50(0.72)	0.90(1.20)	1.40

注：7、8 度时括号内的数值分别用于设计基本地震加速度为 0.15g 和 0.30g 的地区。

表 5.3.5-2　特征周期 T_g（s）

设计地震分组	场地类别				
	I_0	I_1	II	III	IV
第一组	0.20	0.25	0.35	0.45	0.65
第二组	0.25	0.30	0.40	0.55	0.75
第三组	0.30	0.35	0.45	0.65	0.90

3.2.2　时程分析法计算规定

《高层民用建筑钢结构技术规程》规定：

5.3.3 进行结构时程分析时，应符合下列规定：

　　1 应按建筑场地类别和设计地震分组，选取实际地震记录和人工模拟的加速度时程曲线，其中实际地震记录的数量不应少于总数量的 2/3，多组时程曲线的平均地震影响系数曲线应与振型分解反应谱法所采用的地震反应谱曲线在统计意义上相符。进行弹性时程分析时，每条时程曲线计算所得结构底部剪力不应小于振型分解反应谱法计算结果的 65%，多条时程曲线计算所得结构底部剪力平均值不应小于振型分解反应谱法计算结果的 80%。

2 地震波的持续时间不宜小于建筑结构基本自振周期的 5 倍和 15s，地震波的时间间距可取 0.01s 或 0.02s。

3 输入地震加速度的最大值可按表 5.3.3 采用。

表 5.3.3 时程分析所用地震加速度最大值（cm/s^2）

地震影响	6 度	7 度	8 度	9 度
多遇地震	18	35（55）	70（110）	140
设防地震	50	100（150）	200（300）	400
罕遇地震	125	220（310）	400（510）	620

注：括号内数值分别用于设计基本地震加速度为 0.15g 和 0.30g 的地区。

4 当取三组加速度时程曲线输入时，结构地震作用效应宜取时程法计算结果的包络值与振型分解反应谱法计算结果的较大值；当取七组及七组以上的时程曲线进行计算时，结构地震作用效应可取时程法计算结果的平均值与振型分解反应谱法计算结果的较大值。

5.3.3 条的规定可总结为表 3.2-1。

<table>
<tr><td colspan="4">时程分析法计算规定</td><td>表 3.2-1</td></tr>
<tr><td>步骤</td><td colspan="3">要　　求</td><td>备注</td></tr>
<tr><td rowspan="11">选波</td><td rowspan="2">数量要求</td><td>高度不太高，体型较规则</td><td>天然地震波＞2 条，人工地震波 1 条</td><td></td></tr>
<tr><td>超高、大跨度、体型复杂</td><td>天然地震波＞5 条，人工地震波 2 条</td><td></td></tr>
<tr><td rowspan="3">参数要求</td><td>地震波持续时间</td><td>≥max（5T_g，15s）</td><td>T_g 为结构自振周期</td></tr>
<tr><td>地震波时间间距</td><td>0.01s 或 0.02s</td><td>取 0.01s 更精确，计算量更大</td></tr>
<tr><td>最大地震加速度</td><td>表 5.3.3（计算竖向地震作用效应时，表 5.3.3 值×0.65）</td><td></td></tr>
<tr><td rowspan="2">反应谱曲线要求</td><td>人工波</td><td>各周期点上反应谱与规范反应谱相差小于 10%～20%</td><td rowspan="2">统计意义上相符的要求</td></tr>
<tr><td>天然波</td><td>结构主要周期点上反应谱值与规范反应谱相差小于 20%</td></tr>
<tr><td rowspan="2">计算所得底部剪力要求</td><td>每条时程曲线</td><td>计算所得底部剪力≥0.65×振型分解反应谱法底部剪力</td><td rowspan="2">弹性时程分析时要求</td></tr>
<tr><td>多条时程曲线</td><td>计算所得底部剪力平均值≥0.80×振型分解反应谱法底部剪力</td></tr>
</table>

步骤	要 求	备注
地震效应计算结果采用	三条	max｛时程分析结果的包络值，振型分解反应谱法结果｝	
	七条及以上	max｛时程分析结果的平均值，振型分解反应谱法结果｝	

《规程》规定：

> **5.3.3 条文说明** 所谓"在统计意义上相符"是指，多组时程波的平均地震影响系数曲线与振型分解反应谱法所用的地震影响系数相比，在对应于结构主要振型的周期点上相差不大于 20%。

图 3.2-4 示意，某结构自振周期为 T_1、T_2、T_3、T_4，通过多组地震波按时程分析法计算得到的平均地震影响系数与按规范的反应谱计算得到的地震影响系数，在图中 T_1、T_2、T_3、T_4 虚线位置处两者相差不大于 20%，即满足在统计意义上相符。

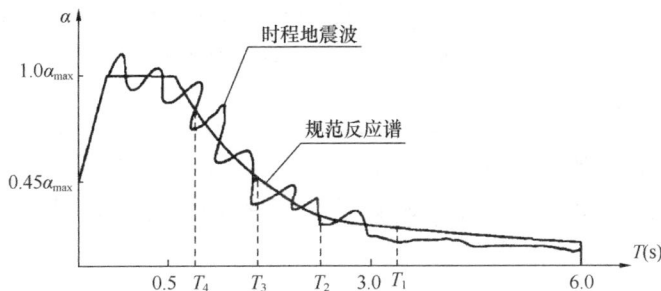

图 3.2-4 在统计意义上相符示意

第4章 规 则 性

4.1 规 则 性 分 类

合理的建筑形体和布置在抗震设计中是头等重要的。提倡平、立面简单对称，因为震害表明，简单、对称的建筑在地震时较不容易破坏。因为简单、对称的结构容易估算地震时的反应，容易采取抗震构造措施和细部处理。"规则"包含了对建筑的平、立面外形尺寸，抗侧力构件布置、质量分布，直至承载力分布等诸多因素的综合要求。

《高层民用建筑钢结构技术规程》规定：

> **3.3.2** 高层民用建筑钢结构及其抗侧力结构的平面布置宜规则、对称，并应具有良好的整体性；建筑的立面和竖向剖面宜规则，结构的侧向刚度沿高度宜均匀变化，竖向抗侧力构件的截面尺寸和材料强度宜自下而上逐渐减小，应避免抗侧力结构的侧向刚度和承载力突变。

《规程》对"规则"给出了具体的界限，根据概念设计将建筑形体和结构布置划分为规则、不规则、特别不规则、严重不规则4个层次，用以描述建筑的不规则程度，并给出了相应的处理办法。

> **3.3.1** 高层民用建筑钢结构的建筑设计应根据抗震概念设计的要求明确建筑形体的规则性。不规则的建筑方案应按规定采取加强措施；特别不规则的建筑方案应进行专门研究和论证，采用特别的加强措施；严重不规则的建筑方案不应采用。

4.2 划 分 标 准

《规程》根据建筑平面的4项指标和竖向的3个指标划分建筑的不规则程度，这7项指标的具体内容如下：

> **3.3.2** 建筑形体及其结构布置的平面、竖向不规则性，应按下列规定划分：

1 高层民用建筑存在表 3.3.2-1 所列的某项平面不规则类型或表 3.3.2-2 所列的某项竖向不规则类型以及类似的不规则类型，应属于不规则的建筑。

表 3.3.2-1　平面不规则的主要类型

不规则类型	定义和参考指标
扭转不规则	在规定的水平力及偶然偏心作用下，楼层两端弹性水平位移（或层间位移）的最大值与其平均值的比值大于 1.2
偏心布置	任一层的偏心率大于 0.15（偏心率按本规程附录 A 的规定计算）或相邻层质心相差大于相应边长的 15%
凹凸不规则	结构平面凹进的尺寸，大于相应投影方向总尺寸的 30%
楼板局部不连续	楼板的尺寸和平面刚度急剧变化，例如，有效楼板宽度小于该层楼板典型宽度的 50%，或开洞面积大于该层楼面面积的 30%，或有较大的楼层错层。

表 3.3.2-2　竖向不规则的主要类型

不规则类型	定义和参考指标
侧向刚度不规则	该层的侧向刚度小于相邻上一层的 70%，或小于其上相邻三个楼层侧向刚度平均值的 80%；除顶层或出屋面小建筑外，局部收进的水平向尺寸大于相邻下一层的 25%
竖向抗侧力构件不连续	竖向抗侧力构件（柱、支撑、剪力墙）的内力由水平转换构件（梁、桁架等）向下传递
楼层承载力突变	抗侧力结构的层间受剪承载力小于相邻上一楼层的 80%

2 当存在多项不规则或某项不规则超过规定的参考指标较多时，应属于特别不规则的建筑。

《规程》3.3.2 条的规定与现行国家标准《建筑抗震设计规范》的规定基本一致，《建筑抗震设计规范》给出了特别不规则的项目举例作为界限判断的参考指标：

3.4.1　条文说明

表 1　特别不规则的项目举例

序	不规则类型	简要涵义
1	扭转偏大	裙房以上有较多楼层考虑偶然偏心的扭转位移比大于 1.4
2	抗扭刚度弱	扭转周期比大于 0.9，混合结构扭转周期比大于 0.85
3	层刚度偏小	本层侧向刚度小于相邻上层的 50%
4	高位转换	框支墙体的转换构件位置：7 度超过 5 层，8 度超过 3 层
5	厚板转换	7～9 度设防的厚板转换结构
6	塔楼偏置	单塔或多塔质心与大底盘的质心偏心距大于底盘相应边长 20%
7	复杂连接	各部分层数、刚度、布置不同的错层或连体两端塔楼显著不规则的结构
8	多重复杂	同时具有转换层、加强层、错层、连体和多塔类型中的 2 中以上

严重不规则，指的是形体复杂，多项不规则指标超过规范限值或某一项大大超过规定值，具有现有技术和经济条件不能克服的严重的抗震薄弱环节，可能导致地震破坏的严重后果者。

根据上述《高层民用建筑钢结构技术规程》和《建筑抗震设计规范》的规定，可总结规则、不规则、特别不规则、严重不规则的划分标准如下：

（1）规则，符合《规程》3.3.2 条的建筑；

（2）不规则。超过《规程》平面不规则表 3.3.2-1 和竖向不规则表 3.3.2-2 中一项及以上的不规则指标；

（3）特别不规则。分为三类：①符合七个不规则类型中的三个及以上；②《抗规》3.4.1 条文说明表 1 的任意一项；③同时符合平面不规则和竖向不规则且其中一项接近《抗规》表 1 的不规则指标；

（4）严重不规则。体型复杂，多项不规则指标超过《规程》3.3.3（《抗规》3.4.4 条）上限值或某一项大大超过规定值。

4.3　不规则结构的抗震构造措施

根据《高层民用建筑钢结构技术规程》3.3.2 的不规则定义和参考指标，判断结构不规则类型，明确设计上限，采取不同的抗震措施。具体措施（3.3.3 条）与《建筑抗震设计规范》GB 50011 规定一致。

3.3.3 不规则高层民用建筑应按下列要求进行水平地震作用计算和内力调整，并应对薄弱部位采取有效的抗震构造措施：

1 平面不规则而竖向规则的建筑，应采用空间结构计算模型，并应符合下列规定：

  1）扭转不规则或偏心布置时，应计入扭转影响，在规定的水平力及偶然偏心作用下，楼层两端弹性水平位移（或层间位移）的最大值与其平均值的比值不宜大于 1.5，当最大层间位移角远小于规程限值时，可适当放宽。

  2）凹凸不规则或楼板局部不连续时，应采用复合楼板平面内实际刚度变化的计算模型；高烈度或不规则程度较大时，宜计入楼板局部变形的影响。

  3）平面不对称且凹凸不规则或局部不连续时，可根据实际情况分块计算扭转位移比，对扭转较大的部位应采用局部的内力增大。

2 平面规则而竖向不规则的高层民用建筑，应采用空间模型，侧向刚度不规则、竖向抗侧力构件不连续、楼层承载力突变的楼层，其对应于地震作用

标准值的剪力应乘以不小于 1.15 的增大系数，应按本规程有关规定进行弹塑性变形分析，并应符合下列规定：

  1） 竖向抗侧力构件不连续时，该构件传递给水平转换构件的地震内力应根据烈度高低和水平转换构件的类型、受力情况、几何尺寸等，乘以 1.25～2.0 的增大系数；

  2） 侧向刚度不规则时，相邻层的侧向刚度比应依据其结构类型符合本规程第 3.3.10 条的规定；

  3） 楼层承载力突变时，薄弱层抗侧力结构的受剪承载力不应小于相邻上一楼层的 65％。

3.3.10 抗震设计时高层民用建筑相邻楼层的侧向刚度变化应符合下列规定：

  1 对框架结构，楼层与其相邻上层的侧向刚度比 γ_1 可按式（3.3.10-1）计算，且本层与相邻上层的比值不宜小于 0.7，与相邻上部三层刚度平均值的比值不宜小于 0.8。

$$\gamma_1 = \frac{V_i \Delta_{i+1}}{V_{i+1} \Delta_i} \tag{3.3.10-1}$$

式中 γ_1——楼层侧向刚度比；

  V_i、V_{i+1}——第 i 层和第 $i+1$ 层的地震剪力标准值（kN）；

  Δ_i、Δ_{i+1}——第 i 层和第 $i+1$ 层在地震作用标准值作用下的层间位移（m）。

  2 对框架-支撑结构、框架-延性墙板结构、筒体结构和巨型框架结构，楼层与其相邻上层的侧向刚度比 γ_2 可按式（3.3.10-2）计算，且本层与相邻上一层的比值不宜小于 0.9；当本层层高大于相邻上层层高的 1.5 倍时，该比值不宜小于 1.1；对结构底部嵌固层，该比值不宜小于 1.5。

$$\gamma_2 = \frac{V_i \Delta_{i+1}}{V_{i+1} \Delta_i} \cdot \frac{h_i}{h_{i+1}} \tag{3.3.10-2}$$

式中 γ_2——考虑层高修正的楼层侧向刚度比；

  h_i、h_{i+1}——第 i 层和第 $i+1$ 层的层高（m）。

4.4 规则性判别及处理方法汇总

  根据《高层民用建筑钢结构技术规程》和《建筑抗震设计规范》对规则性的判别及处理方法，可总结为表 4.4-1。

规则性判别及处理方法				表 4.4-1

规则性 类别	判定条件		设计方法	备 注
规则	**3.3.2** 平面布置规则、对称，具有良好整体性；高度均匀变化；建筑立面和竖向剖面规则，侧向刚度沿竖向抗侧力构件的截面尺寸和材料强度自下而上逐渐减小；抗侧力结构的侧向刚度和承载力无突变			规则建筑无直接判定指标，可通过排除非特别不规则、非不规则结构来反向判定为规则结构
不规则	表 3.3.2-1，平面不规则	（1）扭转不规则	计入扭转影响，考虑偶然偏心的扭转位移比不大于 1.5；最大层间位移远小于规范限值时，可适当放宽	采用空间结构计算模型
不规则	表 3.3.2-1，平面不规则	（2）偏心布置	计入扭转影响，考虑偶然偏心的扭转位移比不大于 1.5；最大层间位移远小于规范限值时，可适当放宽	采用空间结构计算模型
不规则	表 3.3.2-1，平面不规则	（3）凹凸不规则	（Ⅰ）符合（3）或（4），应采用符合楼板平面内实际刚度变化的计算模型；高烈度或不规则程度较大时，宜计入楼板局部变形的影响； （Ⅱ）符合（3）或（4）且平面不对称，可根据实际情况分块计算扭转位移比，对扭转较大部位应采用局部内力增大	采用空间结构计算模型
不规则	表 3.3.2-1，平面不规则	（4）楼板局部不连续	（Ⅰ）符合（3）或（4），应采用符合楼板平面内实际刚度变化的计算模型；高烈度或不规则程度较大时，宜计入楼板局部变形的影响； （Ⅱ）符合（3）或（4）且平面不对称，可根据实际情况分块计算扭转位移比，对扭转较大部位应采用局部内力增大	采用空间结构计算模型
不规则	表 3.3.2-2，竖向不规则	（5）竖向抗侧力构件不连续	该构件传递给水平转换构件的地震内力应乘以 1.25～2.0 增大系数（根据烈度、水平转换构件的类型、受力情况、几何尺寸等确定）	采用空间结构计算模型
不规则	表 3.3.2-2，竖向不规则	（6）侧向刚度不规则	相邻层的侧向刚度比应符合 3.3.10 条	采用空间结构计算模型
不规则	表 3.3.2-2，竖向不规则	（7）楼层承载力突变	薄弱层抗侧力结构的受剪承载力不应小于相邻上一层的 65%	采用空间结构计算模型

规则性类别	判定条件	设计方法	备　注
特别不规则	（1）符合七个不规则类型的三个及以上 （2）《抗规》GB 50011 中 3.4.1 条条文说明表 1 的任意一项 （3）同时符合平面不规则和竖向不规则且其中一项接近上述表 1 的不规则指标	进行专门研究和论证，采用特别的加强措施	见《超限高层建筑工程抗震设防专项审查技术要点》（2015 版）的规则性超限相关规定
严重不规则	体型复杂，多项不规则指标超过 3.3.3（《抗规》3.4.4 条）上限值或某一项大大超过规定值	不应采用	

第5章 内力调整

结构内力计算过程中会遇到很多《规程》规定的内力调整，这些内力调整的规定可分为四个层次理解：1. 全局的内力调整；2. 局部的内力调整；3. 构件的内力调整；4. 截面的内力调整。下面分别举例说明这四个层次的内力调整。

5.1 全局的内力调整（第一层次）

图5.1-1剪重比调整，根据《规程》5.4.5条和《抗规》5.2.5条规定，当楼层剪重比小于规定限值时，整个楼层的剪力取规定的剪力。图中所示23层结构，下部楼层剪重比小于虚线表示的最小剪重比 [λ] 时均须调整，这种整个楼层剪力的调整是第一层次的内力调整，全局的内力调整。

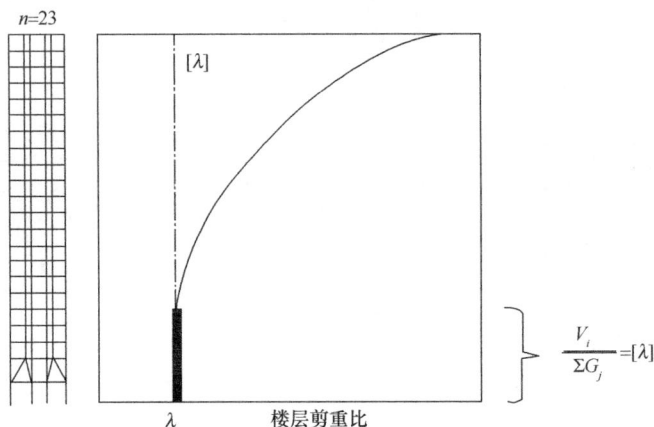

图5.1-1 剪重比的调整

5.2 局部的内力调整（第二层次）

5.2.1 框架部分的内力调整

图5.2-1，框架-中心支撑、框架-偏心支撑、框架-屈曲约束支撑、框架-延性墙板中框架部分的剪力按《规程》规定的调整：

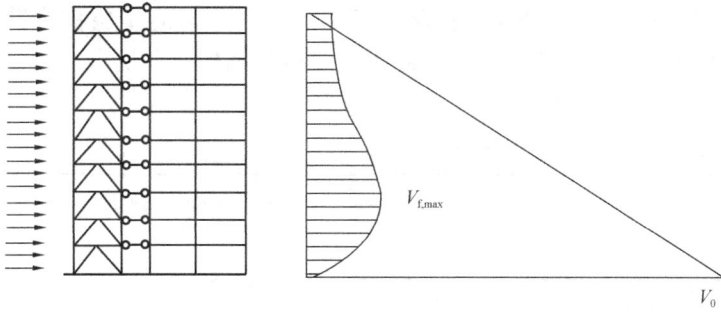

图 5.2-1　框架部分的内力调整

6.2.6　钢框架-支撑结构、钢框架-延性墙板结构的框架部分按刚度分配计算得到的地震剪力应乘以调整系数，达到不小于结构总地震剪力的 25％和框架部分计算最大楼层 1.8 倍二者的最小值。

6.2.6 条文说明　依据多道设防的概念设计，钢框架-支撑结构、钢框架-延性墙板结构体系中，支撑框架、带延性墙板的框架是第一道防线，在强烈地震中支撑和延性墙板先屈服，内力重分布使框架部分承担的地震剪力增大，二者之和大于弹性计算的总剪力。

如果调整的结果框架部分承担的地震剪力不适当增大，则不是"双重抗侧力体系"，而是按刚度分配的结构体系。

框架部分的剪力调整不小于结构总地震剪力的 25％则可以认为是双重抗侧力体系了。

5.2.2　结构薄弱层的内力调整

图 5.2-2 所示，《高层建筑混凝土结构技术规程》将刚度变化不符合要求的

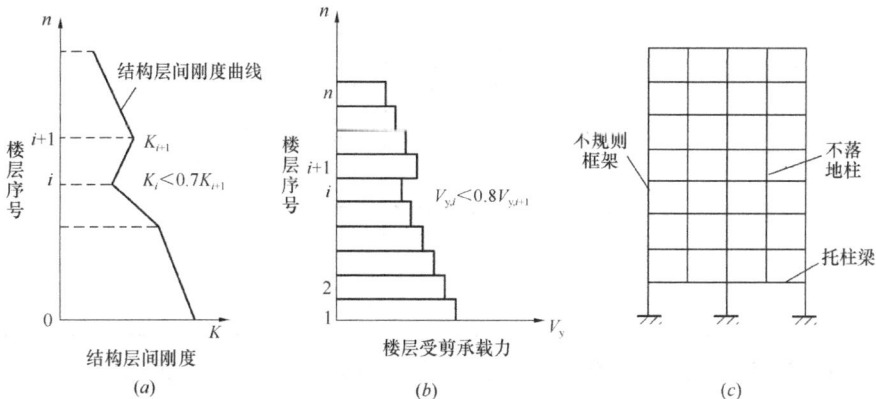

图 5.2-2　结构薄弱层

(a) 软弱层；(b) 薄弱层；(c) 竖向抗侧力构件不连续

楼层称为软弱层（图 5.2-2*a*），承载力变化不符合要求的楼层称为薄弱层（图 5.2-2*b*）。为方便描述，指出图中三种情况统称为结构薄弱层。结构薄弱层的地震作用标准值应适当增大。

《高层建筑混凝土结构技术规程》规定：

> **3.5.8** 为了方便，本规程把软弱层、薄弱层以及竖向抗侧力构件不连续的楼层统称为结构薄弱层。

《高层民用建筑钢结构技术规程》规定：

> **3.3.3 2** 侧向刚度不规则、竖向抗侧力构件不连续、楼层承载力突变的楼层，其对应于地震作用标准值的剪力应乘以不小于 1.15 的增大系数。

5.3 构件的内力调整（第三层次）

构件的内力调整包含两类情况：竖向抗侧力构件不连续楼层的构件，框架-偏心支撑结构中偏心支撑的构件。

5.3.1 竖向抗侧力构件不连续的楼层

图 5.3-1，竖向抗侧力构件不连续的楼层中，虚线所示水平转换构件和转换柱应进行内力调整。《高层民用建筑钢结构技术规程》规定：

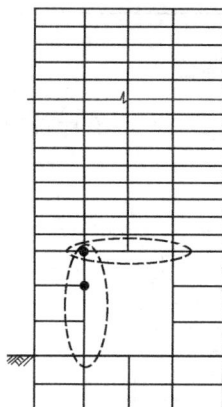

图 5.3-1 水平转换构件和转换柱

> **3.3.3 2 1）**竖向抗侧力构件不连续时，该构件传递给水平转换构件的地震内力应根据烈度高低和水平转换构件的类型、受力情况、几何尺寸等，乘以 1.25～2.0 的增大系数。

7.3.10 进行多遇地震作用下构件承载力计算时，钢结构转换构件下的钢框架柱，地震作用产生的内力应乘以增大系数，其值可采用1.5。

5.3.2 偏心支撑框架

图 5.3-2，为了实现图中的屈服机制，必须对虚线所示偏心支撑部分的构件进行内力调整，调整的目标是强支撑、强柱、强非消能梁段、弱消能梁段，达到由消能梁段耗能的目的，这部分内容放在框架-偏心支撑章节中详细叙述。

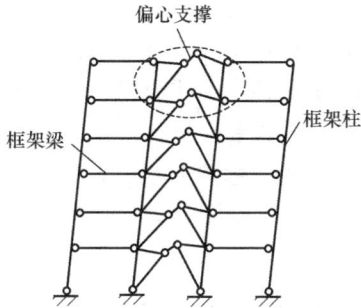

图 5.3-2 框架-偏心支撑屈服机制示意

5.4 截面的内力调整（第四层次）

图 5.4-1，截面的内力调整包含强柱弱梁的调整、强连接弱构件的调整，这些内容放在后面的章节中详细叙述。

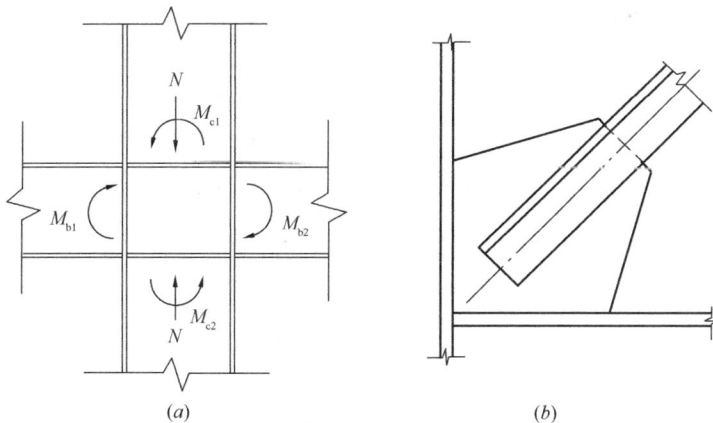

图 5.4-1 截面内力调整的部位
（a）强柱弱梁；（b）强连接弱构件

第6章 稳定计算

6.1 稳定的概念

通过曲面上的小球说明稳定的概念。图 6.1-1a，小球在凹面上是稳定的，受到微小扰动将偏离平衡位置 B 点，到达虚线位置，扰动撤去后小球可回到 B 点，这种平衡状态是稳定的；图 6.1-1b，小球经扰动后离开 B 点，扰动撤去后小球停留在新的位置，这种状态称为随遇平衡状态；图 6.1-1c，小球受到扰动后不仅不能回到 B 点，还要继续向下滚动，远离 B 点，这种平衡状态是不稳定的。

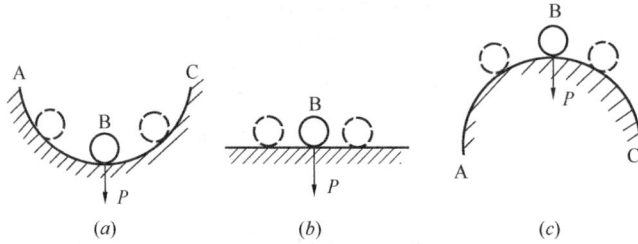

图 6.1-1 刚体的平衡状态

（a）稳定平衡；（b）随遇平衡；（c）不稳定平衡

结构或构件由于平衡状态的不稳定，从初始平衡位置转变到另一个平衡位置，称为屈曲或失稳。

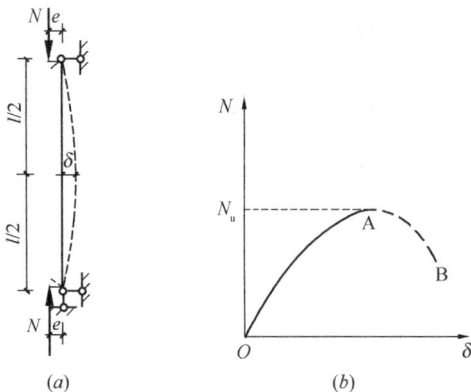

图 6.1-2 偏心受压构件失稳

（a）偏心受压构件；（b）N-δ 关系

图 6.1-2a，偏心受压直杆处于压弯平衡状态，构件中点的挠度 δ 与荷载 N 的关系曲线如图 6.1-2b 所示。平衡路径分两段，上升段 OA 的平衡状态是稳定的，构件变形增大荷载也增大；下降段 AB 的平衡状态是不稳定的，构件变形增大时荷载却减小。A 点称为极值点，与 A 点相应的 N 值称为稳定极限荷载，用 N_u 表示。

结构或构件保持初始平衡状态，在任意扰动下不发生屈曲（失稳）

的最大荷载称为临界荷载，常用 N_{cr} 表示，例如图 6.1-2b 中极值点 A 对应的稳定极限荷载就是临界荷载。稳定计算的主要目的在于确定临界荷载值。

6.2 一阶和二阶分析

当平衡方程按结构或构件变形前的轴线建立时，称为一阶分析，也称几何线性；当平衡方程按结构或构件变形后的轴线建立时，称为二阶分析，也称为几何非线性。

结构稳定问题的本质是变形问题，应采用整体二阶分析。但也可采用整体结构一阶分析、单个构件二阶分析两步走的简化计算方法。《高层民用建筑钢结构技术规程》规定：

> **7.3.2** 框架柱的稳定计算应符合下列规定：
> **1** 结构内力分析可采用一阶线弹性分析或二阶线弹性分析。

采用整体结构一阶分析、构件二阶分析两步走的简化计算方法，就是把整体结构稳定问题转换为单个构件的稳定问题，这个转换过程需要引入计算长度的概念。下面通过压杆稳定的例子说明计算长度的意义及转换过程。

6.3 单个构件的稳定

6.3.1 轴心压杆的弹性弯曲屈曲

采用二阶分析方法分析图 6.3-1 所示两端铰接理想细长杆，当压力 N 达到临

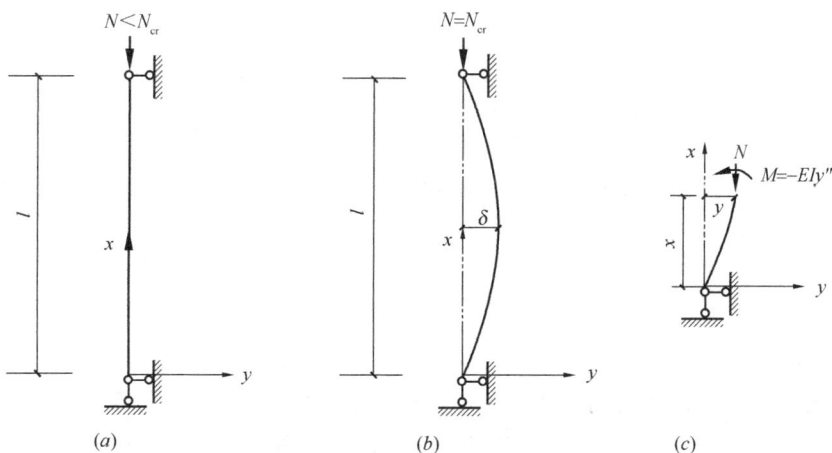

图 6.3-1 两端铰支轴心压杆计算简图
(a) 初始平衡状态；(b) 临界状态；(c) 隔离体

界荷载时构件屈曲存在微小弯曲变形，且由于压缩和剪切的影响很小，忽略不计。构件任意截面的平衡关系为：

$$M = Ny$$

由挠曲线近似微分方程：

$$-EIy'' = M$$

可得：

$$EIy'' + Ny = 0 \qquad (6.3\text{-}1)$$

令 $k^2 = N/EI$，代入上式得到

$$y'' + k^2y = 0$$

二阶常系数齐次微分方程的通解为

$$y = A\sin kx + B\cos kx$$

式中 A 和 B 为积分常数，根据边界条件 $x=0$ 和 $y=0$ 代入得 $B=0$，上式为

$$y = A\sin kx$$

当 $x=1$ 时 $y=0$，得

$$A\sin kx = 0$$

式中 $A \neq 0$，则有

$$\sin kx = 0$$

$$kx = n\pi$$

代入 $k^2 = N/EI$ 得到

$$N_{cr} = \frac{n^2\pi^2 EI}{l^2}$$

取 $n=1$，得到最小临界荷载：

$$N_{cr} = \frac{\pi^2 EI}{l^2} \qquad (6.3\text{-}2)$$

也可改写为：

$$N_{cr} = \frac{\pi^2 EA}{l^2 / (\sqrt{I/A})^2} = \frac{\pi^2 EA}{(l/i)^2} = \frac{\pi^2 EA}{\lambda^2} \qquad (6.3\text{-}3)$$

式中：$\lambda = l/i$ 为构件长细比；l 为两端铰接构件的几何长度或计算长度（这里二者相等）；i 为构件截面的回转半径，$i = \sqrt{I/A}$。

6.3.2 压杆的计算长度系数

当轴心受压构件两端为其他支承条件时，可采用同样方法解出相应的临界力 N_{cr}。为了钢结构设计应用方便，可把各种支承条件下构件的 N_{cr} 转换成两端铰接的轴心受压构件屈曲荷载计算公式的形式，即端部有约束的构件用等效长度 l_0 的两端铰接构件代替。等效长度通常称为计算长度，计算长度 l_0 与构件的几何长度 l 之间的关系是 $l_0 = \mu l$，μ 称为计算长度系数。μ 的取值见表 6.3-1。因此，各种

支承条件下轴心受压构件的屈曲荷载通式可写为：

$$N_{cr} = \frac{\pi^2 EI}{l_0^2} = \frac{\pi^2 EI}{(\mu l)^2} = \frac{\pi^2 EA}{\lambda^2} \qquad (6.3\text{-}4)$$

式中　$\lambda = l_0/i = \mu l/i$。

计算长度 l_0 的几何意义是：中心受压杆失稳后，挠度曲线上两个相邻反弯点间的距离。它的物理意义是：各种支承条件下的中心受压杆件等效为几何长度为 μl 的两端铰接压杆后，两者的临界荷载相等。

计算长度系数
表 6.3-1

支承情况	两端铰支	一端固定一端铰支	两端固定	一端固定一端自由	两端固定，但可沿横向相对移动
失稳模态	l	$0.7l$	$0.5l$		$0.5l$
长度系数 μ	1.0	≈0.7	0.5	2.0	1.0

6.4　结构一阶分析，构件二阶分析

工程中的整体结构由许多构件组成，整体的稳定与单个构件的稳定不同，它与整个结构中各个构件的相互约束程度有关。当一个构件发生失稳时，它必然影响与它相连的其他构件。此时，相连构件也会对失稳构件产生约束。因此，考虑结构的稳定时不能孤立地分析其中某一构件，应当考虑其他构件对它的约束作用。

图 6.4-1 所示框架结构，柱 AB 在荷载 N 作用下失稳时，上端 A 点的位移除受到 AB 柱的约束外，还受到横梁 AC 和柱 CD 的约束作用，这种约束作用需从结构的整体分析确定。

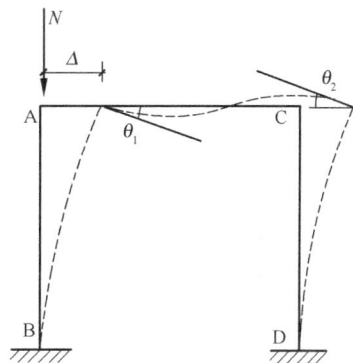

图 6.4-1　框架屈曲模态

6.4.1　结构整体稳定转换为构件稳定

既然构件的稳定与结构的整体有关，那么稳定分析应从整体结构入手。但整体结构的稳定分析方法复杂，计算量大，常采用计算单个构件稳定的简化方法替代。这种简化方法最终归结为如何确定构件的计算长度，通过计算长度的取值体现结构的整体稳定性。也就是说，引入计算长度系数，将结构的整体稳定问题转换为构件的稳定问题。

从整体稳定过渡到构件稳定的计算过程中，各构件的内力是整体结构按一阶分析得到，构件的计算长度按二阶分析得到。

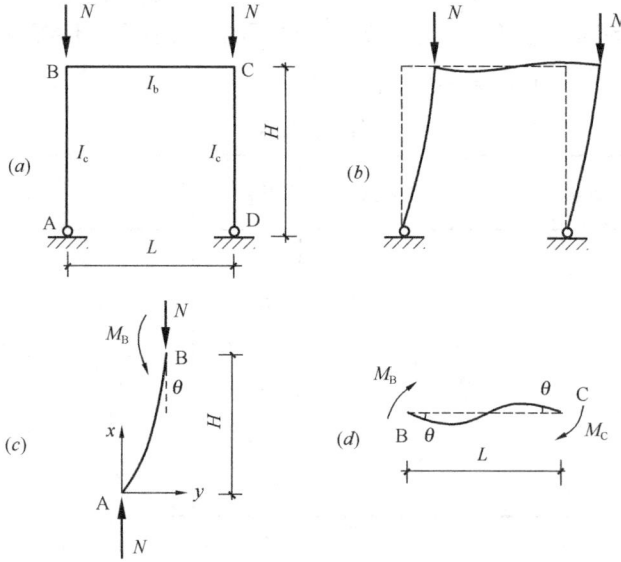

图 6.4-2　铰支框架屈曲示意

以图 6.4-2 所示铰支框架为例说明上述转换过程。图 6.4-2c，取柱 AB 为隔离体建立平衡微分方程：

$$EI_c y'' + Ny = 0$$

令 $k^2 = N/EI$ ，代入上式得到

$$y = A\sin kx + B\cos kx$$

柱下端 A 点为不动铰支座，边界条件为 $x=0$ 时 $y=0$，代入得到 $B=0$，上式变为

$$y = A\sin kx$$

柱上端 B 点边界条件，$x=H$ 时柱顶位移

$$y_B = A\sin kH \tag{6.4-1}$$

$x=H$ 时柱顶转角

$$\theta = y'_B = Ak\cos kH$$

图 6.4-6d，对称结构成反对称变形，横梁两端承受相同弯矩，其端部转角为

$$\theta = \frac{M_B L}{6EI_b} = \frac{Ny_B L}{6EI_b} \tag{6.4-2}$$

公式 (6.4-1) 和 (6.4-2) 组成的方程组含有 y_B 和 A 两个未知量，没有常数

项。要得到非零解，方程组的系数行列式比为零，由此可得：

$$kH \tan kH = 6 \frac{I_b H}{I_c L}$$

令 $u = kH = H\sqrt{N/EI_c}$，$i_c = EI_c/H$（框架柱线刚度），$i_b = EI_b/L$（横梁线刚度），$K_1 = i_b/i_c$（梁柱线刚度比），代入得

$$u \tan u = 6K_1 \qquad (6.4\text{-}3)$$

对于确定的结构，K_1 为已知量，代入上式求得 u 后，由 $u = H\sqrt{N/EI_c}$ 可求得临界力

$$N_{cr} = \frac{u^2 EI_c}{H^2} = \frac{\pi^2 EI_c}{(\pi H/u)^2} = \frac{\pi^2 EI_c}{(\mu H)^2} \qquad (6.4\text{-}4)$$

式中：μ 为计算长度系数，$\mu = \pi/u$。

因此，柱 AB 的计算长度可用下式表达

$$H_0 = \mu H$$

从上述推导可知，公式（6.4-4）确定的临界力是整体结构稳定的承载能力，是由整体分析得到的。

对于确定的结构 K_1 有具体的数值，可有公式（6.4-3）得到相应 u，再代入 $\mu = \pi/u$ 得到构件的计算长度系数。《钢结构设计规范》GB 50017－2003 附录 D 表 D-2 第一行系数 μ 就是这样得到的。这种计算方法看起来是计算柱子的稳定，其实也是计算整个结构的稳定，是通过计算长度系数，把柱子的稳定和整个结构的稳定等价起来。这种方法就是计算长度法。

6.4.2　框架柱的计算长度系数

框架柱的稳定应由框架整体稳定分析得到，但也可把框架稳定简化为单个柱的稳定，由单个柱的稳定计算替代整个框架的稳定计算，这就是计算长度法。

框架失稳模式对确定稳定承载力非常重要，图 6.4-3 所示单层对称框架柱顶承受集中荷载，图 6.4-3a 框架失稳时变形大致左右对称，节点无侧移有转角，称为无侧移失稳。图 6.4-3b 框架失稳时大致左右反对称，节点有侧移有转角，称为有侧移失稳。显然图中无侧移失稳的临界荷载大于有侧移失稳的临界荷载。

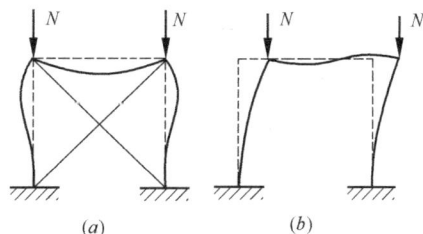

图 6.4-3　框架失稳模式
(a) 无侧移框架失稳；(b) 有侧移框架失稳

框架失稳模式与支撑有关，《钢结构设计规范》将框架分为无支撑框架和有支撑框架，无支撑框架按有侧移失稳模式计算柱的计算长度系数；有支撑框架的侧移刚度达到强支撑框架要求时，按无侧

移失稳模式计算柱的计算长度系数。《钢结构设计规范》规定：

5.3.3 单层或多层框架等截面柱，在框架平面内的计算长度应等于该层柱的高度乘以计算长度系数 μ。框架分为无支撑的纯框架和有支撑框架，其中有支撑框架根据抗侧移刚度的大小，分为强支撑框架和弱支撑框架。

    1   无支撑纯框架

        1）当采用一阶弹性分析方法计算内力时，框架柱的计算长度系数 μ 按本规范附录 D 表 D-2 有侧移框架柱的计算长度系数确定。

    2   有支撑框架

        1）当支撑结构（支撑桁架、剪力墙、电梯井等）的侧移刚度（产生单位侧倾角的水平力）S_b 满足公式（5.3.3-1）的要求时，为强支撑框架，框架柱的计算长度系数 μ 按本规范附录 D 表 D-1 无侧移框架柱的计算长度系数确定。

$$S_b \geqslant 3(1.2\sum N_{bi} - \sum N_{0i}) \tag{5.3.3-1}$$

如图 6.4-4 所示，框架内每一根柱都受到周围构件的影响，节点位移多，求解方程复杂，计算工作量大。为了工程中应用，《钢结构设计规范》引入简化杆端约束条件的假定，如图 6.4-4b、c 所示，只考虑与柱端直接相连构件的约束作用。为计算框架的无侧移失稳或有侧移失稳，简化参数计算，规范给出如下假定：

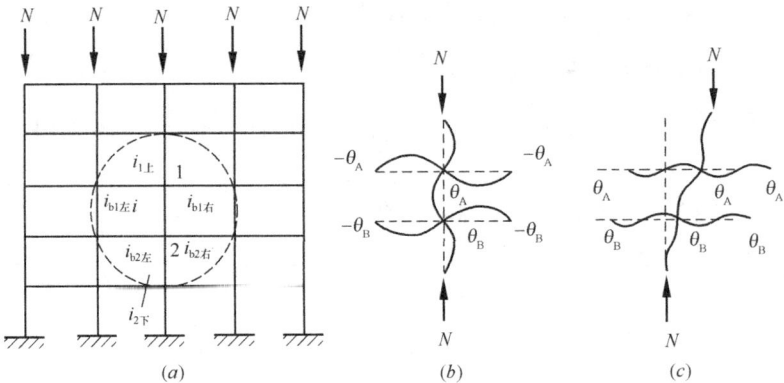

图 6.4-4　框架柱失稳计模式

（a）框架示意；（b）无侧移失稳；（c）有侧移失稳

5.3.3 条文说明　本规范附录 D 表 D-1 和 D-2 规定的框架柱计算长度系数，所根据的基本假定为：

    1   材料是线弹性的；

2 框架只受作用在节点上的竖向荷载;

3 框架中的所有柱子是同时丧失稳定的,即各柱同时达到其临界荷载;

4 当柱子开始失稳时,相较于同一节点的横梁对柱子提供的约束弯矩,按柱子的线刚度之比分配给柱子;

5 在无侧移失稳时,横梁两端的转角大小相等方向相反;在有侧移失稳时,横梁两端的转角不但大小相等而且方向亦相同。

根据上述假定,《钢结构设计规范》附录 D 列出无侧移和有侧移框架柱的计算长度系数公式及表格。

对无支撑纯框架,《高层民用建筑钢结构技术规范》给出了有侧移框架柱计算长度系数简化公式:

7.3.2 框架柱的稳定计算应符合下列规定:

3 当采用一阶弹性分析时,框架结构柱的计算长度系数应符合下列规定:

1)框架柱的计算长度系数可按下式确定:

$$\mu = \sqrt{\frac{7.5K_1K_2 + 4(K_1+K_2) + 1.6}{7.5K_1K_2 + K_1 + K_2}} \qquad (7.3.2\text{-}4)$$

式中:K_1、K_2——分别为交于柱上、下端的横梁线刚度之和与柱线刚度之和的比值。当梁的远端铰接时,梁的线刚度应乘以 0.5;当梁的远端固接时,梁的线刚度应乘以 2/3;当梁近端与柱铰接时,梁的线刚度为零。

2)对底层框架柱:当柱下端铰接且具有明确转动可能时,$K_2 = 0$;柱下端采用平板式铰支座时,$K_2 = 0.1$;柱下端刚接时,$K_2 = 10$。

3)当与柱刚接的横梁承受的轴力很大时,横梁线刚度应乘以按下列公式计算的折减系数。

当横梁远端与柱刚接时 $\qquad \alpha = 1 - N_b/(4N_{Eb}) \qquad (7.3.2\text{-}5)$

当横梁远端铰接时 $\qquad \alpha = 1 - N_b/N_{Eb} \qquad (7.3.2\text{-}6)$

当横梁远端嵌固时 $\qquad \alpha = 1 - N_b/(2N_{Eb}) \qquad (7.3.2\text{-}7)$

$$N_{Eb} = \pi^2 EI_b/l_b^2 \qquad (7.3.2\text{-}8)$$

式中 α——横梁线刚度折减系数;

N_b——横梁承受的轴力(N);

I_b——横梁的截面惯性矩(mm⁴);

l_b——横梁的长度(mm)。

对于带支撑的框架结构,当不考虑支撑的作用时,框架柱的计算长度系数按有侧移框架公式计算，当支撑构件满足《高层民用建筑钢结构技术规程》规定时，计算长度系数可按无侧移框架的近似公式计算。

7.3.2 框架柱的稳定计算应符合下列规定：

    4 支撑框架采用线性分析设计时，框架柱的计算长度系数应符合下列规定：

      1）当不考虑支撑对框架稳定的支承作用，框架柱的计算长度按式（7.3.2-4）计算；

      2）当框架柱的计算长度系数取 1.0，或取无侧移失稳对应的计算长度系数时，应保证支撑能对框架的侧向稳定提供支承作用，支撑构件的应力比 ρ 应满足下式要求。

$$\rho \leqslant 1 - 3\theta_i \tag{7.3.2-10}$$

式中 θ_i——所考虑柱在第 i 楼层的二阶效应系数。

    5 当框架按无侧移失稳模式设计时，应符合下列规定：

      1）框架柱的计算长度系数可按下式确定：

$$\mu = \sqrt{\frac{(1+0.41K_1)(1+0.41K_2)}{(1+0.82K_1)(1+0.82K_2)}} \tag{7.3.2-11}$$

式中 K_1、K_2——分别为交于柱上、下端的横梁线刚度之和与柱线刚度之和的比值。当梁的远端铰接时，梁的线刚度应乘以 1.5；当梁的远端固接时，梁的线刚度应乘以 2；当梁近端与柱铰接时，梁的线刚度为零。

      2）对底层框架柱：当柱下端铰接且具有明确转动可能时，$K_2=0$；柱下端采用平板式铰支座时，$K_2=0.1$；柱下端刚接时，$K_2=10$。

      3）当与柱刚接的横梁承受的轴力很大时，横梁线刚度应乘以折减系数。当横梁远端与柱刚接和横梁远端铰接时，折减系数应按本规程式（7.3.2-5）和式（7.3.2-6）计算；当横梁远端嵌固时，折减系数应按本规程式（7.3.2-7）计算。

6.5 结构二阶分析

6.5.1 P-Δ 效应含义

图 6.5-1，$P\text{-}\delta$ 效应指轴力作用于杆件相对其弦线的侧向位移上产生的弯矩，它的效应使杆件失稳，又称杆件失稳效应；图 6.5-2b，$P\text{-}\Delta$ 效应指轴力作用于杆件两端相对侧向位移上产生的弯矩。对于结构整体稳定问题，$P\text{-}\Delta$ 效应指重力荷

载在水平作用效应上引起的二阶效应，称为重力二阶效应（重力 $P\text{-}\Delta$ 效应）。

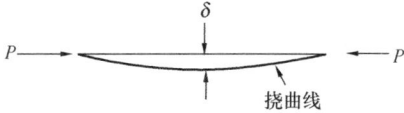

图 6.5-1 $P\text{-}\delta$ 效应　　　　　图 6.5-2　$P\text{-}\Delta$ 效应

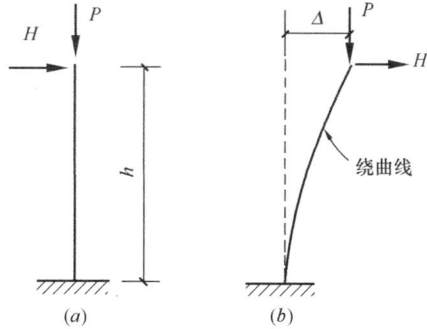

图 6.5-2a，一阶分析按变形前轴线建立平衡方程，下端弯矩为

$$M_{\mathrm{I}} = Hh \tag{6.5-1}$$

图 6.5-2b，二阶分析按变形后轴线建立平衡方程，下端弯矩为

$$M = Hh + P\Delta \tag{6.5-2}$$

6.5.2　二阶分析简述

二阶分析按变形后的位置建立方程，须考虑平衡方程和变形协调关系，这需要用迭代方法求解。因为，形成平衡方程和变形协调关系时，结构的变形位置尚不知道，需要通过逐步增量的方式求解，即前一轮计算所得的结构变形位置，作为后一轮计算的平衡方程和变形协调关系的基础。精确的二阶分析须考虑 $P\text{-}\delta$ 和 $P\text{-}\Delta$ 两种效应，具体迭代计算方法在此不做介绍，相关内容可参考《钢框架稳定设计》（陈惠发 著）和《钢结构稳定理论与设计》（陈骥 编著）。

1. 假想水平力

在进行二阶分析时，结构构件被假定为无缺陷的理想杆件，但实际上结构存在各种缺陷，如框架柱的安装误差、初弯曲和残余应力等。研究认为，这些缺陷可以综合起来由附加的假想水平力（也称概念荷载）统一体现。假想水平力 H_{ni} 在《钢结构设计规范》和《高层民用建筑钢结构设计规程》中均有规定。

《钢结构设计规范》规定：

3.2.8 条文说明　当采用二阶弹性分析时，为配合计算的精度，不论是精确计算或近似计算，亦不论有无支撑结构，均应考虑结构和构件的各种缺陷（如柱子的初倾斜、初偏心和残余应力等）对内力的影响。其影响程度可通过在框架每层柱的柱顶作用有附加的假想水平力（概念荷载）H_{ni} 来综合体现，见图 1。

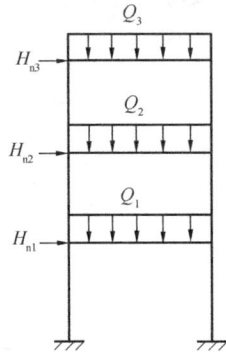

图 1　假想水平力 H_{ni}

3.2.8　框架结构内力分析宜符合下列规定：

2　对 $\dfrac{\sum N \cdot \Delta u}{\sum H \cdot h} > 0.1$ 的框架结构宜采用二阶弹性分析，此时应在每层柱顶附加考虑由公式（3.2.8-1）计算的假想水平力 H_{ni}。

$$H_{ni} = \frac{\alpha_y Q_i}{250}\sqrt{0.2 + \frac{1}{n_s}} \qquad (3.2.8\text{-}1)$$

式中　Q_i ——第 i 楼层的总重力荷载设计值；

　　　n_s ——框架总层数；当 $\sqrt{0.2 + 1/n_s} > 1$ 时，取此根号值为 1.0；

　　　α_y ——钢材强度影响系数，其值：Q235 钢为 1.0；Q345 钢为 1.1；Q390 钢为 1.2；Q420 钢为 1.25。

　　　$\sum N$ ——所计算楼层各柱轴心压力设计值之和；

　　　$\sum H$ ——产生层间侧移 Δu 的所计算楼层及上各层的水平力之和；

　　　Δu ——按一阶弹性分析求得的所计算楼层的层间侧移。

《高层民用建筑钢结构技术规程》规定：

7.3.2　框架柱的稳定计算应符合下列规定：

2　当采用二阶线弹性分析时应在各层的楼盖处加上假想水平力。

　1）假想水平力 H_{ni} 应按下式确定：

$$H_{ni} = \frac{Q_i}{250}\sqrt{\frac{f_y}{235}}\sqrt{0.2 + \frac{1}{n}} \qquad (7.3.2\text{-}2)$$

式中　Q_i ——第 i 楼层的总重力荷载设计值（kN）；

　　　n ——框架总层数，当 $\sqrt{0.2 + 1/n} > 1$ 时，取此根号值为 1.0。

假想水平力 H_{ni} 体现了结构的各种缺陷，因此在二阶效应的精确计算和近似计算均需考虑。

2. 层间放大法

层间放大法是一种计入 $P\text{-}\Delta$ 效应的简化方法，它避免了二阶分析时反复迭代计算，通过框架一阶分析得到位移和内力乘以放大系数，得到考虑二阶效应的位移和内力。层间放大法假定：

（1）各层特性与其他层无关；

（2）由 $P\text{-}\Delta$ 效应引起的柱内力附加弯矩，等效于侧向力 $\sum N \cdot \Delta/h$ 引起的效应。

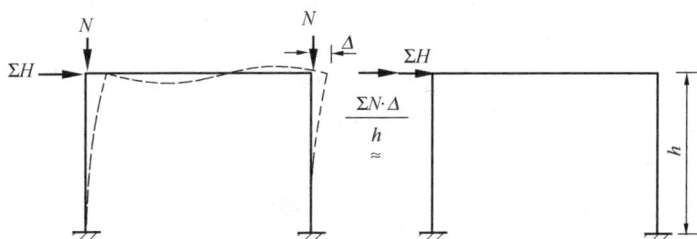

图 6.5-3　层间放大法

图 6.5-3，各层的侧向刚度可以定义为：

$$K = \frac{\text{水平力}}{\text{层间侧移}} = \frac{\sum H}{\Delta_{\text{I}}} = \frac{\sum H + \sum N \cdot \Delta/h}{\Delta} \tag{6.5-3}$$

式中　Δ_{I}——由一阶分析得到的层间侧移；

　　　Δ——计入 $P\text{-}\Delta$ 效应得到的层间侧移；

　　$\sum N$——竖向荷载之和；

　　　h——层高。

由公式（6.5-3）解得 Δ 为：

$$\Delta = \left(\frac{1}{1 - \sum N \cdot \Delta_{\text{I}} / \sum H \cdot h}\right)\Delta_{\text{I}} \tag{6.5-4}$$

公式（6.5-4）表明，计入 $P\text{-}\Delta$ 效应的层间位移侧移 Δ 可由一阶层间侧移 Δ_{I} 乘以一个放大系数得到。根据假定（1），楼层层间侧移引起的弯矩与该层侧向侧移成正比，因此可得：

$$M = \left(\frac{1}{1 - \sum N \cdot \Delta_{\text{I}} / \sum H \cdot h}\right)M_{\text{I}} \tag{6.5-5}$$

式中　M_{I}——该层侧移引起的一阶弯矩；

M——计入 P-Δ 效应的二阶弯矩。

公式（6.5-5）表明，计入 P-Δ 效应的弯矩可由一阶侧移弯矩乘以放大系数得到。

《高层民用建筑钢结构技术规程》规定：

7.3.2 框架柱的稳定计算应符合下列规定：

1 框架结构的二阶效应系数应按下式确定：

$$\theta_i = \frac{\sum N \cdot \Delta u}{\sum H \cdot h_i} \tag{7.3.2-1}$$

式中 $\sum N$——所考虑楼层以上所有竖向荷载之和（kN），按荷载设计值计算；

$\quad\quad \sum H$——所考虑楼层的总水平力（kN），按荷载的设计值计算；

$\quad\quad \Delta u$——所考虑楼层的层间位移（mm）；

$\quad\quad h_i$——第 i 楼层的层高（m）。

2 当采用二阶线弹性分析时，应在各楼层的楼盖处加上假想水平力。

  2） 内力采用放大系数法近似考虑二阶效应时，允许采用叠加原理进行内力组合。放大系数的计算应采用下列荷载组合下的重力：

$$1.2G + 1.4[\psi L + 0.5(1-\psi)L] = 1.2G + 1.4 \times 0.5(1+\psi)L$$

$$\tag{7.3.2-3}$$

式中 G——为永久荷载；

$\quad\quad L$——为活荷载；

$\quad\quad \psi$——为活荷载的准永久值系数。

7.3.2 条文说明

2 这里规定了对二阶效应采用线性组合时，内力应乘以方法系数，其数值取自式（7.3.2-3）规定的重力荷载组合产生的二阶效应系数。

《钢结构设计规范》给出了近似计算公式及计算方法：

3.2.8 框架结构内力分析宜符合下列规定：

2 对无支撑的纯框架结构，当采用二阶弹性分析时，各杆件杆端的弯矩 M_{II} 可用下列近似公式进行计算：

$$M_{\text{II}} = M_{\text{I b}} + \alpha_{2i} M_{\text{I s}} \tag{3.2.8-2}$$

3.2.8 条文说明 本条对无支撑纯框架在考虑侧移对内力的影响采用二阶弹性分析时，提出了框架杆件端弯矩 M_{II} 的近似计算方法。

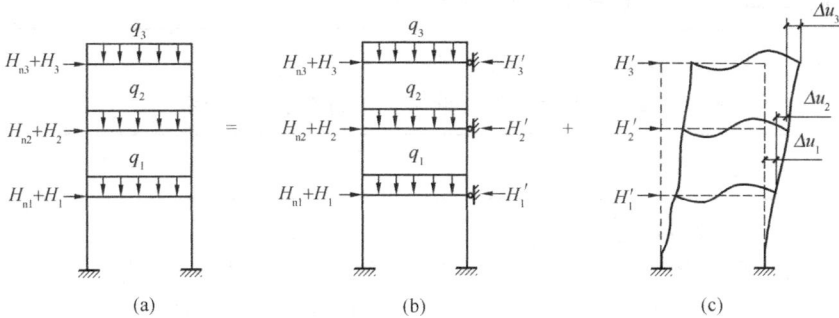

图 2 无支撑纯框架的一阶弹性分析

当采用一阶分析时（图 2），框架杆件端弯矩 M_{I} 为：

$$M_{\mathrm{I}} = M_{\mathrm{Ib}} + M_{\mathrm{Is}}$$

当采用二阶近似分析时，杆端弯矩 M_{II} 为：

$$M_{\mathrm{II}} = M_{\mathrm{Ib}} + \alpha_{2i} M_{\mathrm{Is}}$$

式中　M_{Ib}——假定框架无侧移时（图 2b）按一阶弹性分析求得的各杆件端弯矩；

M_{Is}——框架各节点侧侧移时（图 2c）按一阶弹性分析求得的杆件端弯矩；

α_{2i}——考虑二阶效应第 i 层杆件的侧移弯矩增大系数，$\alpha_{2i} = \dfrac{1}{1 - \dfrac{\sum N \cdot \Delta u}{\sum H \cdot h}}$ 其中 $\sum H$ 系指产生层间侧移 Δu 的所计算楼层及以上各层的水平荷载之和，不包括支座位移和温度的作用。

《建筑抗震设计规范》规定：

3.6.3 条文说明

当在弹性分析时，作为简化方法，二阶效应的内力增大系数可取 $1/(1-\theta)$。

3. 计算长度系数

计算长度系数是将结构稳定转换为构件稳定的中间参数，这种方法是近似的、复杂的。当采用结构整体二阶分析时，不需考虑计算长度系数，即计算长度系数取 1.0。对此各本规范均有规定：

《高层民用建筑钢结构技术规程》规定：

> **7.3.2** 框架柱的稳定计算应符合下列规定：
>
>   **2** 当采用二阶线弹性分析时，框架柱的计算长度系数取 1.0。

《钢结构设计规范》规定：

> **5.3.3**   **1**   无支撑纯框架
>
>   **2）** 当采用二阶弹性分析方法计算内力且每层柱顶附加考虑公式（3.2.8-1）的假想水平力 H_{ni} 时，框架柱的计算长度系数 $\mu=1.0$。

    4. 计入 $P\text{-}\Delta$ 效应的条件

《高层民用建筑钢结构技术规程》规定：

> **6.2.2** 高层民用建筑钢结构弹性分析时，应计入重力二阶效应的影响。
>
> **6.3.3** 高层民用建筑钢结构弹塑性变形计算应符合下列规定：
>
>   **5** 应计入重力荷载二阶效应的影响。
>
> **7.3.2** 框架柱的稳定计算应符合下列规定：
>
>   **1** 当二阶效应系数大于 1.0 时，宜采用二阶弹性分析。框架结构的二阶效应系数应按下式确定：
>
> $$\theta_i = \frac{\sum N \cdot \Delta u}{\sum H \cdot h_i} \qquad (7.3.2\text{-}1)$$
>
> 式中 $\sum N$——所考虑楼层以上所有竖向荷载之和（kN），按荷载设计值计算；
>
> $\sum H$——所考虑楼层的总水平力（kN），按荷载的设计值计算；
>
> Δu——所考虑楼层的层间位移（mm）；
>
> h_i——第 i 楼层的层高（m）。
>
> **7.3.2 条文说明** 框架柱的稳定计算应符合下列规定：
>
>   **1** 高层民用建筑钢结构，根据抗侧力构件在水平力作用下变形的形态，可分为剪切型（框架结构）、弯曲型（例如高跨比 6 以上的支承架）和弯剪型；式（7.3.2-1）只适用于剪切型结构，弯剪型和弯曲型计算公式复杂，采用计算机分析更加方便。

《钢结构设计规范》规定：

> **3.2.8** 框架结构内力分析宜符合下列规定：
>
>   **2** 对 $\dfrac{\sum N \cdot \Delta u}{\sum H \cdot h} > 0.1$ 的框架结构宜采用二阶弹性分析。

《建筑抗震设计规范》规定：

3.6.3 当结构在地震作用下的重力附加弯矩大于初始弯矩的10％时，应计入重力二阶效应的影响。

注：重力附加弯矩指任一楼层以上全部重力荷载与该楼层地震平均层间位移的乘积；初始弯矩指该楼层地震剪力与楼层层高的乘积。

3.6.3 条文说明 本条规定，框架结构和框架-抗震墙（支撑）结构在重力附加弯矩 M_a 与初始弯矩 M_0 之比符合下式条件下，应考虑几何非线性，即重力二阶效应的影响。

$$\theta_i = \frac{M_a}{M_0} = \frac{\sum G_i \cdot \Delta u_i}{V_i \cdot h_i} > 0.1 \tag{1}$$

式中　θ_i——稳定系数；

$\sum G_i$——i 层以上全部重力荷载计算值；

Δu_i——第 i 层楼层质心处的弹性或弹塑性层间位移；

V_i——第 i 层地震剪力计算值；

h_i——第 i 层层间高度。

6.6　整体失稳控制条件

图6.6-1，高层民用建筑钢结构应具有必要的刚度，应避免侧移过大造成 P-Δ 效应急剧增加，导致结构整体失稳，应对其层间位移加以控制。层间位移是体现构件截面大小，刚度大小的一个宏观指标。

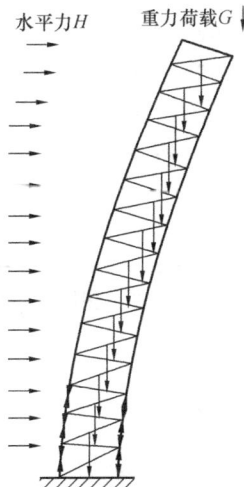

图 6.6-1　结构变形示意

《高层民用建筑钢结构技术规程》规定：

3.5.2 在风荷载或多遇地震标准值作用下，按弹性方法计算楼层层间最大水平位移与层高之比不宜大于 $1/250$。

除对宏观指标进行控制外，还应控制结构刚度与重力荷载之比（简称刚重比），刚重比是影响 $P\text{-}\Delta$ 效应的重要参数。

根据《高层民用建筑钢结构技术规程》7.3.2 条可知，框架结构的二阶效应系数为：

$$\theta_i = \frac{\sum N \cdot \Delta u}{\sum H \cdot h_i}$$

对上式进行变换

$$\theta_i = \frac{\sum N \cdot \Delta u}{\sum H \cdot h_i} = \frac{\sum N}{\dfrac{\sum H}{\Delta u} \cdot h_i} = \frac{\sum N}{D_i \cdot h_i} = \frac{1}{\dfrac{D_i}{\sum N} \cdot h_i}$$

(6.6-1)

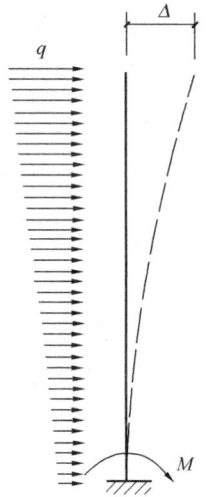

图 6.6-2 倒三角形分布荷载作用下的结构

当 $\dfrac{D_i}{\sum N} \cdot h_i = 5$ 时，$\theta_i = 0.2$ 或 20%。

式中　D_i——第 i 层的侧向刚度。

由公式（6.6-1）可知，$D_i / \sum N$（刚重比）是影响 $P\text{-}\Delta$ 效应的重要参数。

对于框架-支撑结构、框架-延性墙板结构、筒体结构和巨型框架结构，采用结构的弹性等效刚度 EJ_d 和重力的比值（刚重比）控制 $P\text{-}\Delta$ 效应。图 6.6-2，EJ_d 近似按倒三角形分布荷载作用下结构顶点位移相等的原则，将结构的侧向刚度折算为竖向悬臂受弯构件的等效侧向刚度。假定倒三角形分布荷载的最大值为 q，在该荷载作用下结构顶点质心的弹性水平位移为 u，房屋高度为 H，EJ_d 按下式计算：

$$EJ_d = \frac{11qH^4}{120u}$$　　　(6.6-2)

6.1.7 高层民用建筑钢结构的整体稳定性应符合下列规定：

1 框架结构应满足下式要求：

$$D_i \geqslant 5 \sum_{j=i}^{n} G_j / h_i \quad (i = 1,2,\cdots,n)$$　　(6.1.7-1)

2 框架-支撑结构、框架-延性墙板结构、筒体结构和巨型框架结构应满足下式要求：

$$EJ_d \geqslant 0.7H^2 \sum_{i=1}^{n} G_i \qquad (6.1.7\text{-}2)$$

式中　D_i——第 i 楼层的抗侧刚度（kN/mm），可取该层剪力与层间位移的
比值；

　　　　h_i——第 i 楼层层高（mm）；

　　G_i、G_j——分别为第 i、j 楼层重力荷载设计值（kN），取 1.2 倍的永久荷
载标准值与 1.4 倍的楼面可变荷载标准值的组合值；

　　　　H——房屋高度（mm）；

　　　EJ_d——结构一个主轴方向的弹性等效侧向刚度（kN·mm²），可按倒
三角形分布荷载作用下结构顶点位移相等的原则，将结构的侧
向刚度折算为竖向悬臂受弯构件的等效侧向刚度。

6.1.7 条文说明　本条用于控制重力 $P\text{-}\Delta$ 效应不超过 20％，使结构的稳定具
有适宜的安全储备。在水平力作用下，高层民用建筑钢结构的稳定应满足本
条规定，不应放松要求。如不满足本条的规定，应调整并增大结构的侧向
刚度。

第7章 框 架 结 构

7.1 抗 震 性 能

纯框架的侧向变形分为剪切型（多层）和弯剪型（高层），抗侧能力主要取决于框架梁、柱的抗弯能力，抗震性能取决于屈服机制和节点域、梁、柱的耗能和延性。图 7.1-1 所示，纯框架有较好的耗能能力，但抗侧刚度小，一般适用于20 层以下的房屋。

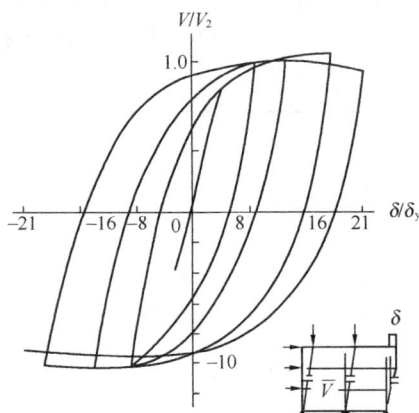

图 7.1-1　钢框架滞回曲线

7.2 节 点 域

7.2.1 承载力分析

图 7.2-1 所示，在水平力作用下梁柱节点所受剪力 V_j 远远大于上、下柱的剪力 V_{c1}、V_{c2}，在这样大的剪力作用下，钢结构节点所表现的力学性能与混凝土结构节点完全不同。

混凝土结构的设计思想是"强节点、弱构件"，因为混凝土结构节点的抗震性能很差，如框架结构的能量耗散工作主要有由梁端承担。图 7.2-2 所示混凝土

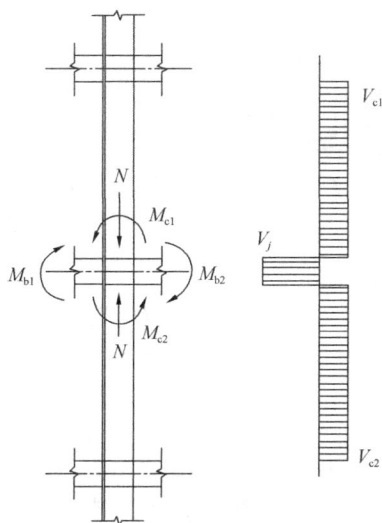

图 7.2-1　梁柱节点受力示意

梁柱节点试验，由于混凝土抗拉强度低，一旦开裂将出现交叉形裂缝（图 7.2-2a），由于裂缝间混凝土发生的相对错动位移，表现为滞回曲线中间捏拢，每一个循环较狭长形成反 S 形（图 7.2-2b）。

图 7.2-3a，钢结构节点域是指上下水平加劲肋和柱翼缘所包围的区域，在地震作用下进入塑性状态时滞回曲线饱满，每一个循环形成梭形曲线，有很好的耗能能力。如图 7.2-3b 所示，节点域的承载力在塑性阶段还可提高，有较大的上升空间。

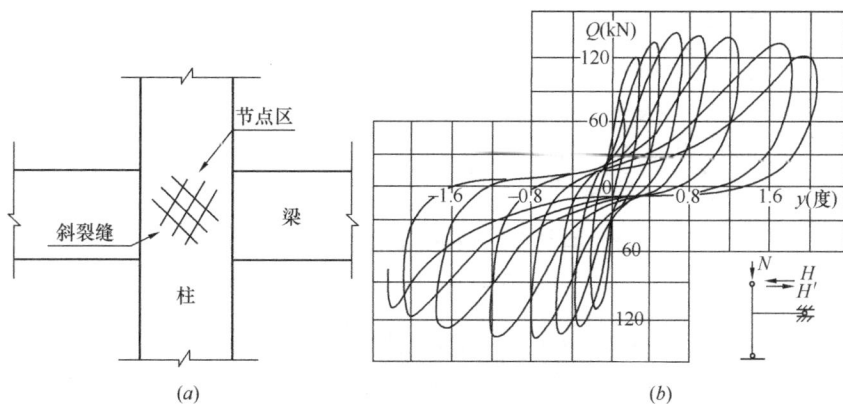

图 7.2-2　混凝土结构节点试验

（a）混凝土节点；（b）滞回曲线

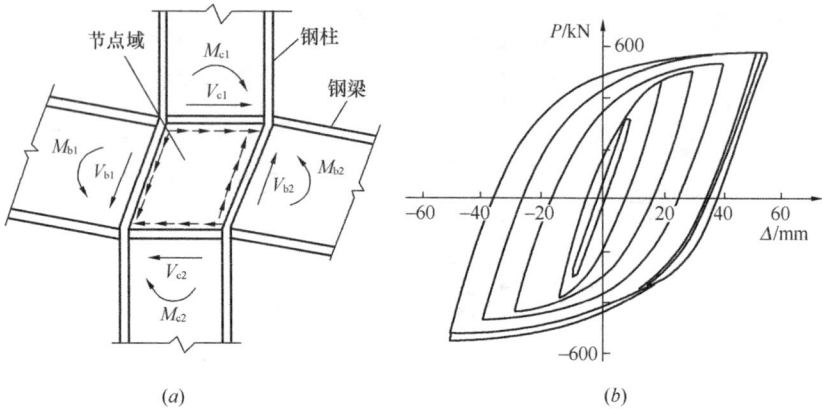

图 7.2-3　钢结构节点域试验

(a) 节点域变形；(b) 滞回曲线

《高层民用建筑钢结构技术规程》指出：

7.3.5 条文说明　试验表明，节点域的实际抗剪屈服强度因边缘构件的存在而有较大提高。

与节点域相连的梁受弯能力见试验图 7.2-4a，梁的受弯承载力曲线有很长的屈服平台，受弯屈服后承载力基本不变，屈服平台在理想模型里可简化为水平直线，如图 7.2-4b。对比节点域试验和梁受弯承载力试验可知，节点域的抗剪承载力可提高，梁的受弯承载力不能提高。

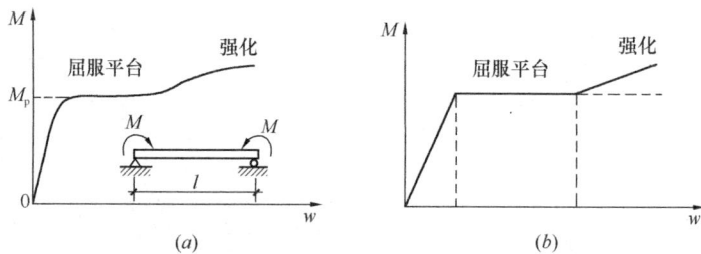

图 7.2-4　钢梁受弯承载力试验

(a) 试验曲线；(b) 理想模型

图 7.2-5a 中 τ_y 为屈服剪应力，γ_y 为屈服剪应变，坐标以相对值表示。图中 τ/τ_y 在 0 到 1.0 之间是线性增加，节点域的剪应力达到屈服后没有出现水平屈服平台，而是继续增长，同时，剪切变形可达到 40 倍的屈服剪应变。通过分析节点域的受力曲线和变形图（图 7.2-5b），可找到三个原因：

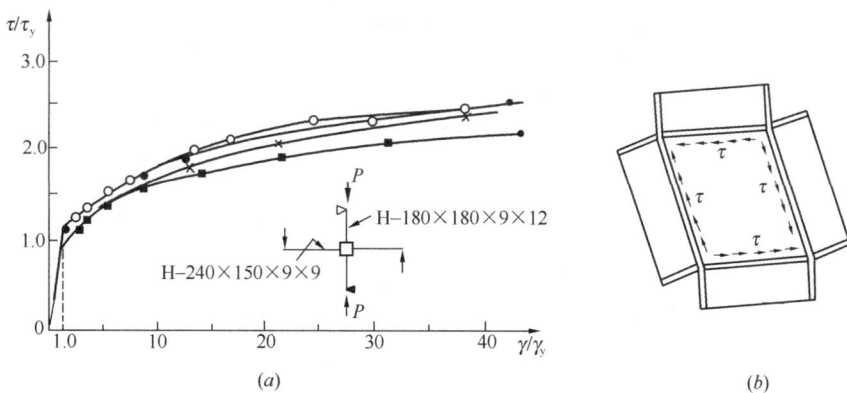

图 7.2-5 节点域分析

(a) 剪应力-剪应变曲线；(b) 变形图

（1）周边构件（柱翼缘和加劲肋）抗力影响。节点域屈服时，柱翼缘和加劲肋仍处于弹性状态，只有柱翼缘达到屈服时整个节点才达到破坏。周边构件弹性状态时起到了骨架支撑作用，保障了节点域的工作状态。

（2）与节点域相连的梁和柱腹板对节点域的约束作用。梁、柱腹板包围节点域，改善了节点域的受力性能。

（3）节点域本身的应变强化效应。这是钢材本身的材料性能。

图 7.2-6 所示，当节点剪应力达到屈服剪应力后有一定增长，超过 $1.0\tau_y$，超出部分的强度在承载力计算中应予以考虑。

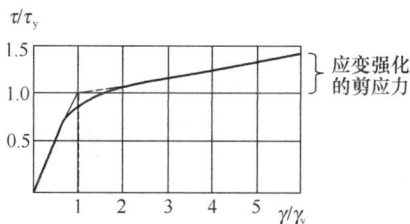

图 7.2-6 节点域受力简化模型

7.2.2 变形分析

图 7.2-7 所示，框架考虑节点域变形的影响后，其结构位移和层间位移均比不考虑节点域变形（刚性节点域）增大较多，因此在计算中应计入节点域的变形。

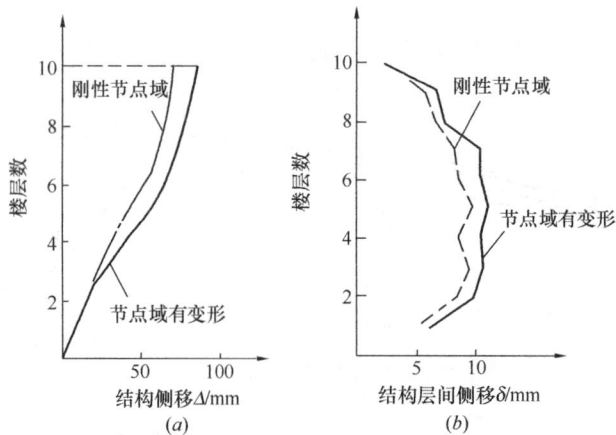

图 7.2-7　节点域变形对框架变形的影响

《高层民用建筑钢结构技术规程》规定：

> **6.2.5**　梁柱刚性连接的钢框架计入节点域剪切变形对侧移的影响时，可将节点域作为一个单独的剪切单元进行结构整体分析。
>
> **6.3.2**　高层民用建筑钢结构弹塑性分析时，宜考虑梁柱节点域的弹塑性剪切变形。

7.2.3　节点域设计

节点域既不能太厚，也不能太薄。太厚了使节点域不能发挥其耗能作用，大震时节点域的剪应力要合适，使节点域能达到屈服实现耗能。太薄了将使框架侧向位移太大，小震时节点域的剪应力不能太大，通过验算小震时的抗剪强度来满足不能太薄的要求。太薄了还可能出现局部屈曲失稳。根据上述要求，节点域设计时应进行三项验算：

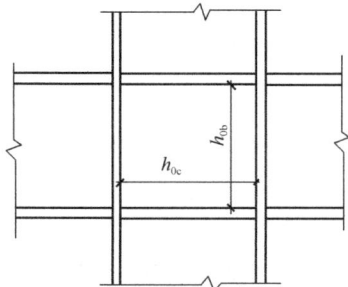

图 7.2-8　节点域

（1）防止局部屈曲的板件厚度验算；

（2）多遇地震或风荷载作用下的抗剪强度验算（不能太薄）；

（3）罕遇地震作用下的屈服承载力验算（不能太厚）。

1. 板件厚度验算

图 7.2-8，为了使节点域保持稳定的受力状态，防止局部屈曲，节点域的尺寸应满足《规程》规定：

7.3.7 柱与梁连接处，在梁上下翼缘对应位置应设置柱的水平加劲肋或隔板。加劲肋（隔板）与柱翼缘所包围的节点域的稳定性，应满足下式要求：

$$t_p \geqslant (h_{0b} + h_{0c})/90 \qquad (7.3.7)$$

式中：t_p ——柱节点域的腹板厚度（mm），箱形柱时为一块腹板的厚度（mm）；

h_{0b}、h_{0c} ——分别为梁腹板、柱腹板的高度（mm）。

2. 抗剪强度验算

图 7.2-9，多遇地震或风荷载作用下节点域的抗剪强度验算分四步：①柱腹板（节点域）中的剪力；②柱腹板（节点域）的平均剪应力；③钢材抗剪强度设计值；④节点域的抗剪强度验算。

（1）柱腹板（节点域）中的剪力

$$V = \frac{M_{b1} + M_{b2}}{h_{b1}}$$

式中　M_{b1}、M_{b2} ——分别为节点域左、右梁端作用的弯矩设计值（kN·m）；

h_{b1} ——梁翼缘中心间的距离。

（2）柱腹板（节点域）的平均剪应力

$$\tau = \frac{V}{h_{c1}t_p} = \frac{M_{b1} + M_{b2}}{h_{b1} \cdot h_{c1}t_p}$$

$$\tau = \frac{M_{b1} + M_{b2}}{V_p}$$

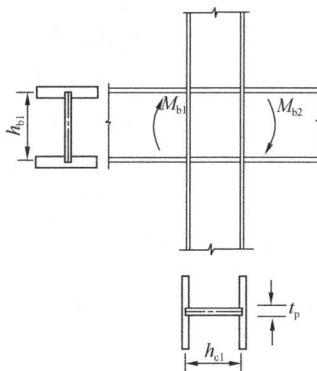

图 7.2-9　节点抗剪强度验算

式中　h_{c1} ——柱翼缘中心的距离；

t_p ——节点域厚度；

V_p ——节点域体积，$V_p = h_{b1}h_{c1}t_p$。

（3）钢材抗剪强度设计值

查《规程》表 4.2.1 得到抗剪强度设计值 f_v。

（4）节点域的看见强度验算

$$\frac{M_{b1} + M_{b2}}{V_p} \leqslant \frac{4}{3}f_v$$

公式右边 f_v 乘以 $4/3$，表示抗剪强度提高了三分之一，具体原因在《规程》7.3.5 条文说明中有解释。

7.3.5 节点域的抗剪承载力应满足下式要求：

$$(M_{b1} + M_{b2})/V_p \leqslant (4/3)f_v \qquad (7.3.5)$$

式中　M_{b1}、M_{b2} ——分别为节点域左、右梁端作用的弯矩设计值（kN·m）；

V_p ——节点域的有效体积，可按本规程第 7.3.6 条的规定计算。

7.1.5 f_v ——钢材抗剪强度设计值（N/mm²），抗震设计时应按本规程第 3.6.1 条的规定除以 γ_{RE}。

7.3.6 节点域的有效体积可按下列公式确定：

工字形截面柱（绕强轴）$V_p = h_{b1} h_{c1} t_p$ (7.3.6-1)

工字形截面柱（绕弱轴）$V_p = 2h_{b1} b t_f$ (7.3.6-2)

箱形截面柱 $V_p = (16/9) h_{b1} h_{c1} t_p$ (7.3.6-3)

圆管截面柱 $V_p = (\pi/2) h_{b1} h_{c1} t_p$ (7.3.6-4)

式中 h_{b1} ——梁翼缘中心间的距离（mm）；

      h_{c1} ——工字形截面柱翼缘中心间的距离、箱形截面壁板中心间的距离和圆管截面柱管壁中线的直径（mm）；

      t_p ——柱腹板和节点域补强板厚度之和，或局部加厚的节点域厚度（mm），箱形柱为一块腹板的厚度（mm），圆管柱为壁厚（mm）；

      t_f ——柱的翼缘厚度（mm）；

      b ——柱的翼缘宽度（mm）。

7.3.5 条文说明 柱与梁连接的节点域，应按本条规定验算其抗剪承载力。

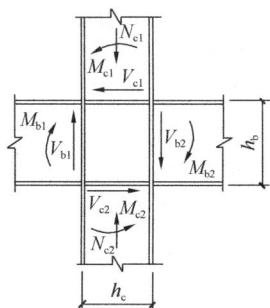

[图 1]

节点域在周边弯矩和剪力作用下，其剪应力为：

$$\tau = \frac{M_{b1} + M_{b2}}{h_{b1} h_{c1} t_p} - \frac{V_{c1} + V_{c2}}{2 h_{c1} t_p} \tag{7}$$

式中 V_{c1} 和 V_{c2} 分别为上下柱传来的剪力，节点域高度和宽度 h_{c1} 和 h_{c2} 分别取梁翼缘中心间距离。

在工程设计中为了简化计算通常略去式中第二项，计算表明，这样使所得剪应力偏高 20%～30%，所以将式（7.3.5）右侧抗剪强度设计值提高三分之一来替代。

3. 屈服承载力验算

大震时节点域不能太厚，太厚了不能进入屈服状态吸收地震能量（图 7.2-3）。试验表明，节点域的抗剪屈服强度因边缘构件的存在有较大提高（图 7.2-6），而节点域左右梁端的抗弯屈服强度不可能提高（图 7.2-4）。根据日本的研究，为了使节点域能够屈服耗能，将节点域的屈服承载力设计为框架梁屈服承载力的 0.7～1.0 倍是合适的。

《高层民用建筑钢结构技术规程》规定：

> **7.3.8 条文说明**　对于抗震设计的高层民用建筑钢结构，节点域应按本条规定验算在预估的罕遇地震动作用下的屈服承载力。
>
> **7.3.8**　抗震设计时节点域的屈服承载力应满足下式要求，当不满足时应进行补强或局部改用较厚柱腹板。
>
> $$\psi(M_{pb1} + M_{pb2})/V_p \leqslant (4/3)/f_{yv} \qquad (7.3.8)$$
>
> 式中　　ψ ——折减系数，三、四级时取 0.75，一、二级时取 0.85；
>
> M_{pb1}、M_{pb2}——分别为节点域两侧梁段截面的全塑性受弯承载力（N·mm）；
>
> f_{yv} ——钢材的屈服抗剪强度，取钢材屈服强度的 0.58 倍。

7.3　强　柱　弱　梁

在侧向荷载作用下，图 7.3-1a、b 的框架柱端出现塑性铰，形成楼层屈服机制，不利于消耗地震能量。图 7.3-1c，塑性铰首先出现在梁端形成梁铰机制，结构整体屈服，这些塑性铰有很好的转动能力，产生较大的塑性变形，可消耗更多的地震能量。

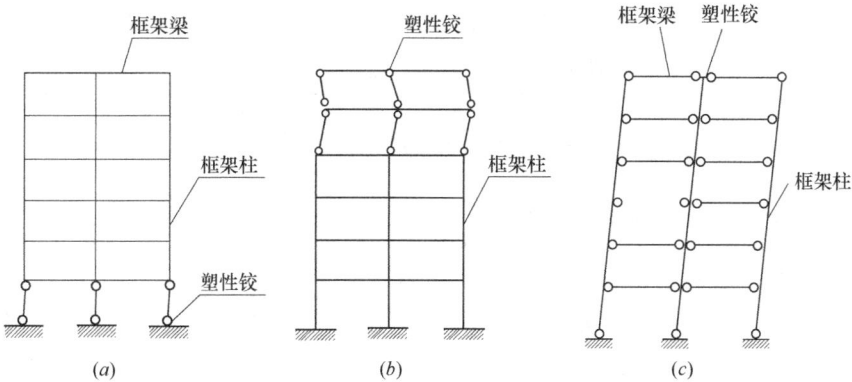

图 7.3-1　屈服机制

(a) 弱柱框架；(b) 弱柱框架；(c) 强柱框架

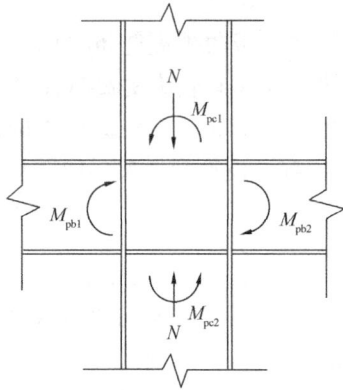

图 7.3-2 强柱弱梁计算简图

7.3.1 强柱弱梁验算

为了实现梁铰机制，在梁柱节点处应进行截面的内力调整（第四层次），使柱端塑性受弯承载力大于梁端塑性受弯承载力。图 7.3-2 所示，柱端塑性受弯承载力为 M_{pc1}、M_{pc2}，梁端塑性受弯承载力为 M_{pb1}，M_{pb2}，计算公式如下：

$$M_{pb} = W_{pb} f_{yb}$$

$$M_{pc} = W_{pc}(f_{yc} - N/A_c)$$

柱端弯矩放大，使柱端的塑性受弯承载力大于梁端的塑性受弯承载力：

$$\sum M_{pc} \geqslant \eta \sum M_{pb}$$

$$\sum W_{pc}(f_{yc} - N/A_c) \geqslant \eta \sum W_{pb} f_{yb}$$

上述要求在《高层民用建筑钢结构技术规程》中有详细规定：

7.3.3 钢框架柱的抗震承载力验算，应符合下列规定：

2 等截面梁与柱连接时：

$$\sum W_{pc}(f_{yc} - N/A_c) \geqslant \sum(\eta f_{yb} W_{pb}) \tag{7.3.3-1}$$

式中：W_{pc}、W_{pb} ——分别为计算平面内交汇于节点的柱和梁的塑性截面模量（mm^3）；

f_{yc}、f_{yb} ——分别为柱和梁钢材的屈服强度（N/mm^2）；

N ——按设计地震作用组合得出的柱轴力设计值（N）；

A_c ——框架柱的截面面积（mm^2）；

η ——强柱系数，一级取 1.15，二级取 1.10，三级取 1.05，四级取 1.0。

7.3.2 可不验算"强柱弱梁"的条件

《高层民用建筑钢结构技术规程》规定：

7.3.3 钢框架柱的抗震承载力验算，应符合下列规定：

1 除下列情况之一外，节点左右梁端和上下柱端的全塑性承载力应满足式（7.3.3-1）的要求：

1）柱所在楼层的受剪承载力比相邻上一层的受剪承载力高出 25%；

2）轴压比不超过 0.4；

3）柱轴力符合 $N_2 \leqslant \varphi A_c f$ 时（N_2 为 2 倍地震作用下的组合轴力设计值）；

4）与支撑斜杆相连的节点。

（1）柱所在楼层的受剪承载力比相邻上一层的受剪承载力高出 25%

图 7.3-3 所示，本层比上层受剪承载力高出 25%，即为 $V_i = 1.25V_{i+1}$。上层的受剪承载力突变减小，在地震作用下将产生较大层间位移，更薄弱。

（2）轴压比不超过 0.4

$N/fA_c \leqslant 0.4$ 时，柱有足够的延性，有利于变形。

（3）柱轴力符合 $N_2 \leqslant \varphi A_c f$ 时（N_2 为 2 倍地震作用下的组合轴力设计值）

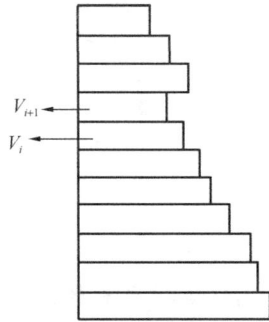

图 7.3-3　楼层受剪承载力分布

$$N_1 = N_G + N_E \leqslant \varphi A_c f$$
$$N_2 = N_1 + N_E = N_G + 2N_E \leqslant \varphi A_c f$$
$$N_1 \ll \varphi A_c f$$

式中：N_1——考虑地震作用下的组合轴力设计值；

　　　N_2——2 倍地震作用下的组合轴力设计值；

　　　N_G——重力荷载代表值下的轴力设计值；

　　　N_E——地震作用下的轴力设计值。

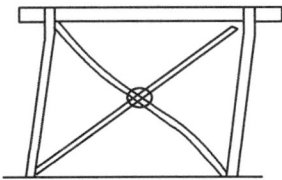

图 7.3-4　与支撑相连的节点示意

$N_2 \leqslant \varphi A_c f$，因此 $N_1 \ll \varphi A_c f$，作为轴心受压构件在 2 倍地震力下稳定性得到保证，在常规荷载组合下有足够的安全保证。

（4）与支撑斜杆相连的节点

图 7.3-4 所示，结构的屈服机制已不适合于梁铰机制，因此不必进行强柱弱梁验算。

综上所述，按《规程》要求满足 7.3.3-1 条的四条规定之一时，可不进行强柱弱梁验算。

7.4　框架柱的长细比

《高层民用建筑钢结构技术规程》指出：

7.3.9 条文说明　框架柱的长细比关系到钢结构的整体稳定。

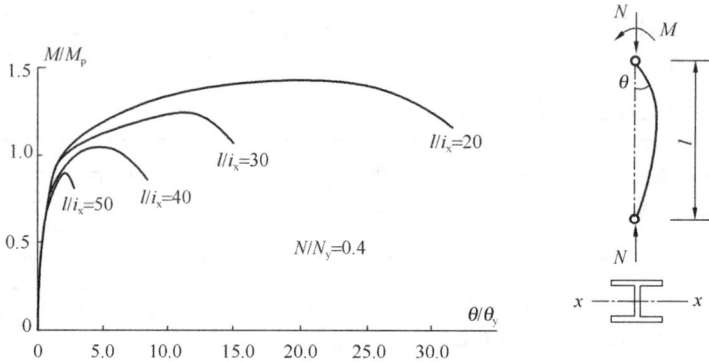

图 7.4-1　不同长细比的钢柱试验曲线

　　图 7.4-1 钢柱轴压比 0.4 时不同长细比的试验曲线对比，长细比 l/i_x 从 50 到 20 变化，由曲线可知，长细比越大越容易发生失稳，且变形量小、延性差，长细比越小越不易出现失稳，且变形量大、延性好。

　　图 7.4-2 长细比等于 60 的钢柱在不同轴压比下的试验曲线对比，轴压比从 0.6 到 0.12 变化，由曲线可知，轴压比大钢柱易发生失稳，且变形和承载力小，轴压比小钢柱稳定性好，变形和承载力均较大。

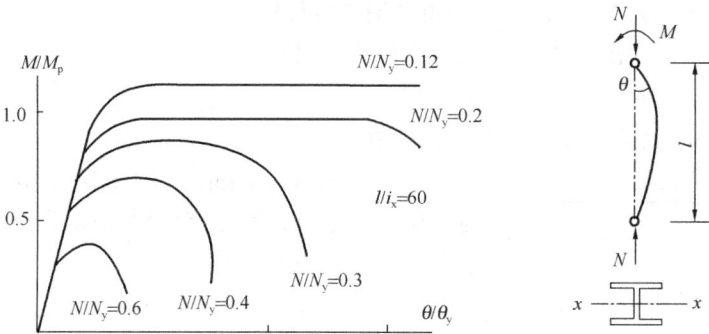

图 7.4-2　不同轴压比的钢柱试验曲线

　　由上述分析可知，长细比越大、轴压比越大，框架柱的稳定越差，因此《规程》按不同的抗震等级规定了框架柱长细比的限值，其中抗震等级反映了轴压比的控制要求。

> **7.3.9**　框架柱的长细比，一级不应大于 $60\sqrt{235/f_y}$，二级不应大于 $70\sqrt{235/f_y}$，三级不应大于 $80\sqrt{235/f_{yo}}$，四级及非抗震设计不应大于 $100\sqrt{235/f_{yo}}$。

7.5 梁、柱板件宽厚比

图 7.5-1，工形和箱形截面的板件薄，构件受力时应避免发生局部失稳，避免局部失稳的办法是控制板件的宽厚比。《钢结构设计规范》已经规定了构件的板件宽厚比，但考虑到（1）往复荷载作用比单向静力荷载作用更容易发生局部失稳；（2）构件出现塑性铰后，应保证塑性变形充分发展。《高层民用建筑钢结构设计规程》对板件宽厚比给出更严格的规定，根据抗震与非抗震，以及不同抗震等级给出不同的限值要求。

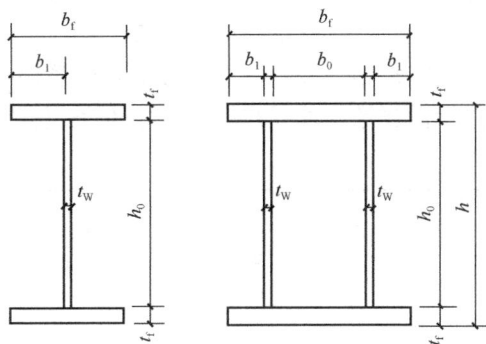

图 7.5-1　工形和箱形截面

7.4.1 钢框架梁、柱板件宽厚比限值，应符合表 7.4.1 的规定。

表 7.4.1　钢框架梁、柱板件宽厚比限值

板件名称		抗震等级				非抗震设计
		一级	二级	三级	四级	
柱	工字形截面翼缘外伸部分	10	11	12	13	13
	工字形截面腹板	43	45	48	52	52
	箱形截面壁板	33	36	38	40	40
	冷成型方管壁板	32	35	37	40	40
	圆管（径厚比）	50	55	60	70	70
梁	工字形截面和箱形截面翼缘外伸部分	9	9	10	11	11
	箱形截面翼缘在两腹板之间部分	30	30	32	36	36
	工字形截面和箱形截面腹板	$72-120\rho$	$72-100\rho$	$80-110\rho$	$85-120\rho$	$85-120\rho$

注：1　$\rho=N/(Af)$ 为梁轴压比；
　　2　表列数值适用于 Q234 钢，采用其他牌号乘以 $\sqrt{235/f_y}$，圆管应乘以 $235/f_y$；
　　3　冷成型方管适用于 Q235GJ 或 Q345GJ 钢；
　　4　工字形梁和箱形梁的腹板宽厚比，对一、二、三、四级分别不宜大于 60、65、70、75。

7.4.1 条文说明　钢框架梁板件宽厚比应随截面塑性变形发展的程度而满足不同要求。形成塑性铰后需要实现较大转动者，要求最严格。所以按不同的抗震等级划分了不同的要求。

依据强柱弱梁的设计原则，梁端是主要的耗能构件，板件宽厚比限制严格，梁端形成塑性铰后要求有较大的转动能力，板件宽厚比随截面塑性随变形发展程度的不同有不同要求。框架柱仅在后期出现少量塑性，不需要很高的转动能力，板件宽厚比相对于梁有所放松。

7.4.1 条文说明　按照强柱弱梁的要求，钢框架柱一般不会出现塑性铰，但是考虑材料性能变异，截面尺寸偏差以及一般未计及的竖向地震作用等因素，柱在某些情况下也可能出现塑性铰。因此，柱的板件宽厚比也应考虑按塑性发展加以限制，不过不需要像梁那样严格。所以本条也按照不同的抗震等级划分了不同的要求。

第8章 钢框架-支撑体系

8.1 框架和支撑的抗侧移能力

图 8.1-1a，框架结构抵抗水平荷载的抗侧刚度由构件的抗弯刚度提供，当房屋较高时抗侧刚度无法满足《规程》对侧移的限值要求，因此《规程》对钢框架的适用高度做出限制。图 8.1-1b，在框架内设置支撑形成竖向桁架，由支撑的轴向变形提供抗侧刚度，支撑轴向变形的刚度远大于框架梁、柱的抗弯刚度，它的侧移也远小于框架的侧移。将框架和支撑组合成框架-支撑体系，就能提高房屋的适用高度。

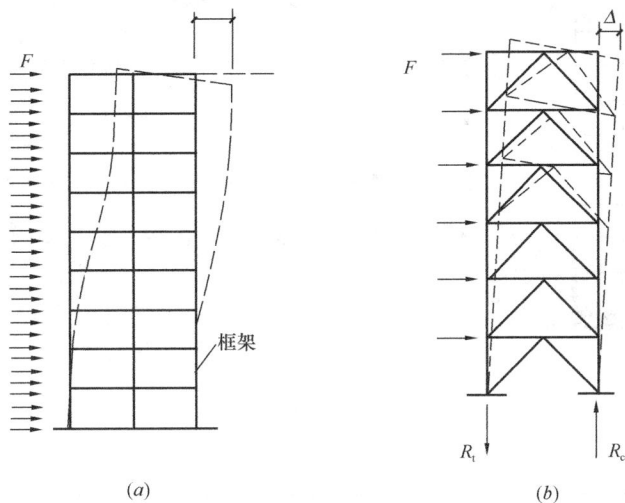

图 8.1-1 抗侧移分析
(a) 框架；(b) 支撑

8.2 钢框架-支撑体系

图 8.2-1、图 8.2-2，框架和竖向支撑桁架组合成的钢框架-支撑体系既有较大的建筑空间，又有较大的侧向刚度，适用于更高的房屋。支撑的刚度远大于框架的刚度，为了使两者协同工作，充分发挥支撑的作用，支撑的竖向和平面布置应符合《规程》要求。

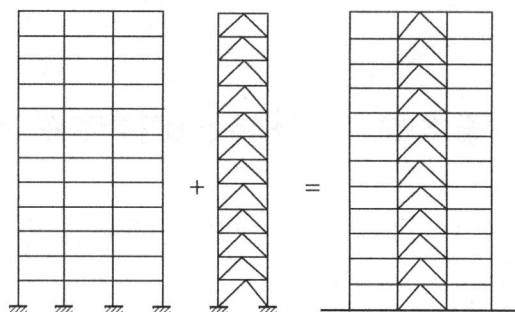

图 8.2-1 钢框架-支撑体系

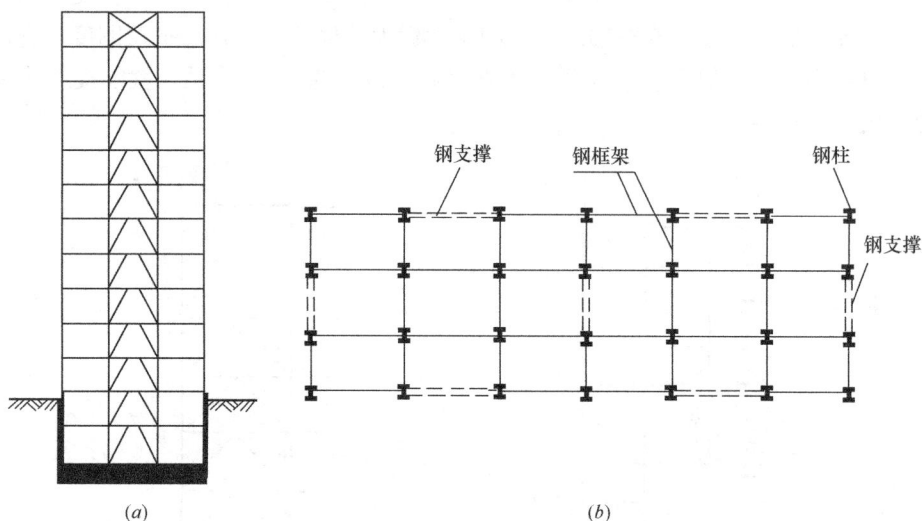

图 8.2-2 支撑布置
(a) 竖向布置；(b) 平面布置

3.3.6 抗震设计的框架-支撑结构中，支撑宜沿建筑高度竖向连续布置，并应延伸至计算嵌固端。除底部楼层外，支撑的形式和布置沿建筑竖向宜一致。
3.3.2 高层民用建筑钢结构及其抗侧力结构的平面布置宜规则、对称，并应具有良好的整体性。

8.3 框架和支撑的作用

竖向荷载由框架传递给地基。水平地震作用下框架-支撑体系属于双重抗侧力体系。地震作用首先由抗侧刚度大的支撑体系承担，支撑受压屈曲或破坏不影响结构承担竖向荷载的能力，不致危及结构的基本安全。支撑作为第一道防线消耗大部分地震能量，残余的地震能量由框架承担，框架作为第二道防线承担的地震作用是有限的。

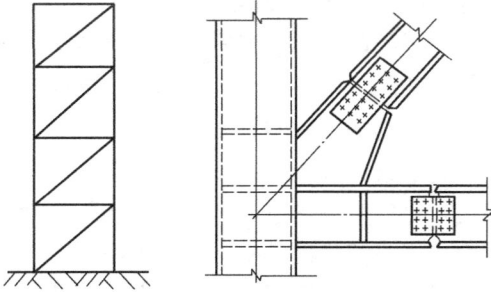

图 8.3-1　中心支撑框架

8.3.1　二类支撑-中心支撑、偏心支撑

图 8.3-1，《高层民用建筑钢结构技术规程》规定：

2.1.4　中心支撑框架
　　支撑杆件的工作线交汇于一点或多点，但相交构件的偏心距应小于最小连接构件的宽度，杆件主要承受轴心力。

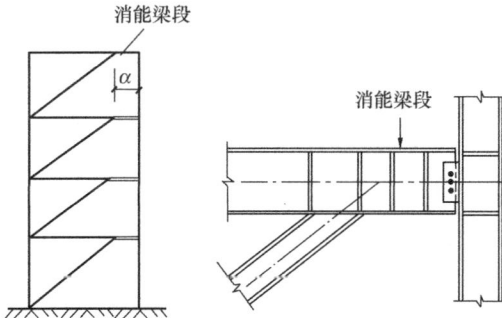

图 8.3-2　偏心支撑框架

图 8.3-2，《高层民用建筑钢结构技术规程》规定：

2.1.5　偏心支撑框架
　　支撑框架构件的杆件工作线不交汇于一点，支撑连接点的偏心距大于连接点处最小构件的宽度，可通过效能梁段耗能。

8.3.2 框架结构、框架-中心支撑、框架-偏心支撑对比分析

纯框架结构是靠梁柱的抗弯刚度来抵抗水平地震作用，延性好，滞回环饱满（图7.1-1），具有良好的耗能能力。抗侧移刚度相对较小，当层数较多时，不能有效地利用构件的强度，失去经济合理性。

中心支撑框架是指支撑的两端都直接连接在梁柱节点上，小震作用下抗侧移刚度大，构造相对简单，实际工程较多，大震作用下支撑宜屈曲失稳，造成刚度及耗能能力急剧下降。直接影响结构的整体性能。

偏心支撑有一端偏离了梁柱节点，直接连在梁上，支撑与柱之间形成一段消能梁段。与纯框架相比，每层增设支撑，有更大的抗侧移刚度和极限承载力。与中心框架相比，支撑的一端与消能梁段相连，大震作用下消能梁段先屈服，保证了支撑的稳定。结构的延性好，滞回环稳定，具有良好的耗能能力。

第 9 章　框架-中心支撑

9.1　抗　震　性　能

图 9.1-1，为了提高钢框架的抗侧刚度，在框架中设置中心支撑。中心支撑增加了结构抗侧移刚度，地震作用下支撑首先进入屈服，避免或延缓了框架结构的破坏，使结构具有多道抗震防线，但后期中心支撑受压失稳，滞回曲线表现为聚拢效应，影响耗能能力，图 9.1-1b 中心支撑滞回曲线不够饱满。

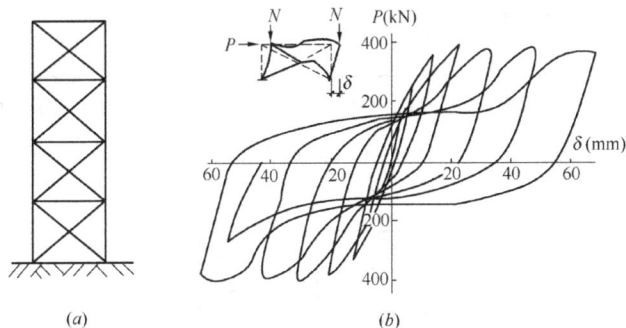

图 9.1-1　中心支撑抗震分析
(a) 中心支撑；(b) 滞回曲线

9.2　中心支撑的应用及类型

《高层民用建筑钢结构技术规程》规定：

3.2.4　房屋高度不超过 50m 的高层民用建筑可采用框架中心支撑的结构。

7.5.1　高层民用建筑钢结构的中心支撑宜采用：十字交叉斜杆 (图 7.5.1-1a)，单斜杆 (图 7.5.1-1b)，人字形斜杆 (图 7.5.1-1c) 或 V 形斜杆体系。

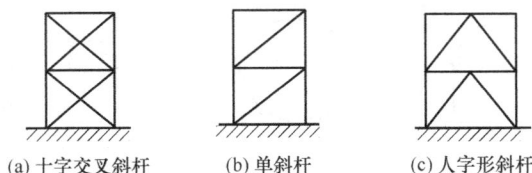

(a) 十字交叉斜杆　　(b) 单斜杆　　(c) 人字形斜杆

图 7.5.1-1　中心支撑类型

V形斜杆体系见图9.2-1。如图9.2-2虚框部分，单斜杆体系的斜杆左震受拉、右震受压，当采用只能受拉的单斜杆体系时，必须尽量对称布置斜杆，保证左震、右震两个方向具有大致相同的抗侧能力。《高层民用建筑钢结构技术规程》规定：

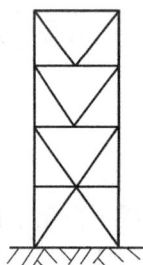

图9.2-1　V形斜杆支撑

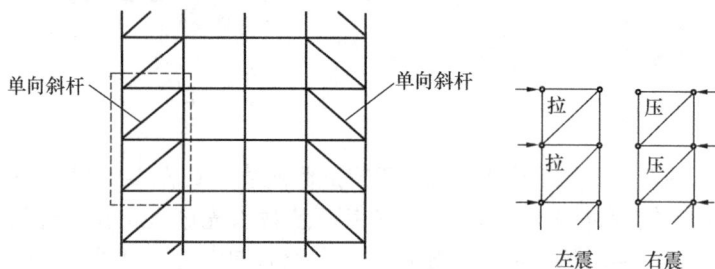

图9.2-2　单斜杆支撑

7.5.1　当采用只能受拉的单斜杆体系时，应同时设不同倾斜方向的两组单斜杆（图7.5.1-2），且每层不同方向单斜杆的截面面积在水平方向的投影面积之差不得大于10%。

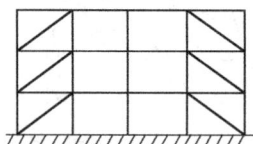

图7.5.1-2　单斜杆支撑

图9.2-3，为防止绕对称轴的屈曲，支撑斜杆截面宜采用双轴对称截面。图9.2-4，为减小支撑对节点的偏心弯矩，支撑中心线应通过梁柱轴线交点，不能交于一点时，应计入附件弯矩。

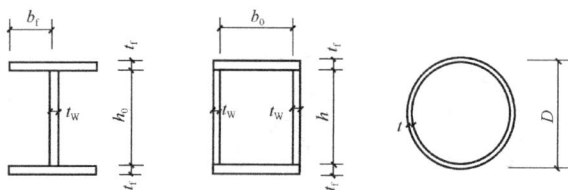

图9.2-3　支撑斜杆的截面形式

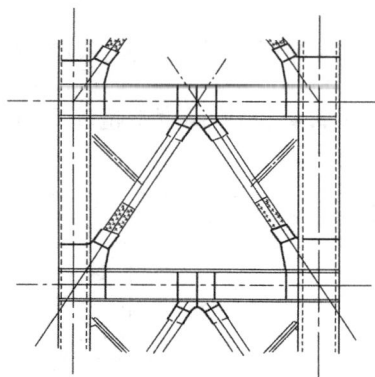

图9.2-4　支撑与梁柱轴线交于一点

《规程》规定：

> **7.5.4** 支撑斜杆宜采用双轴对称截面。
>
> **7.5.1** 支撑斜杆的轴线应交汇于框架梁柱的轴线上。
>
> **8.7.1 2** 中心支撑的中心线应通过梁与柱轴线的交点，当受条件限制有不大于支撑杆件宽度的偏心时，节点设计应计入偏心造成的附加弯矩的影响。

图 9.2-5 所示，《建筑抗震设计规范》规定：

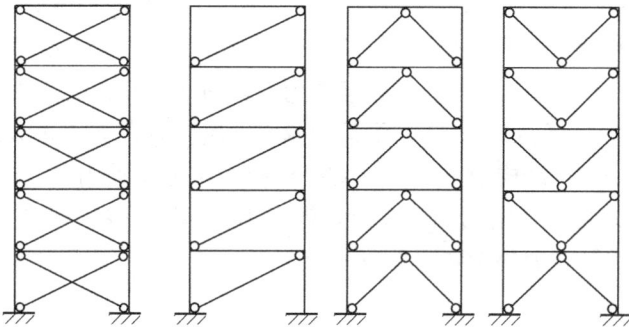

图 9.2-5 计算简图

> **8.2.3 2** 钢框架-支撑结构的斜杆可按端部铰接杆计算。

　　框架-支撑体系由框架体系演变来的。即在框架体系中对部分框架柱之间设置竖向支撑，形成若楹带竖向支撑的支撑框架。支撑框架中的框架梁与框架柱仍为刚接相连，而支撑杆的两端常假定为与梁柱节点铰接相连，支撑杆中不产生弯矩和剪力，只产生轴向力。支撑框架既有刚接框架的受力特性和变形特征，又有铰接桁架的受力特性和变形特征。

　　（1）它有利于增加结构的侧向刚度。

　　（2）梁柱与相邻的框架梁连接时仍采用刚接连接，在构造上及内力的传递方面仍可保持连续性和基本一致性。

　　当支撑框架结构体系处于弹塑性阶段时，支撑框架中的斜杆将因压屈而退出工作，但仍可保持框架的受力状态。

9.3 框架-支撑协同工作

　　所有框架合并为总框架，所有支撑合并为总支撑，中间由楼板连接形成图9.3-1的框架-中心支撑的计算简图。风荷载作用下分析框架、支撑，以及框架-中心支撑并联体的变形情况。

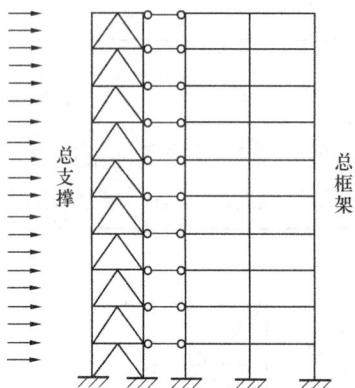

图 9.3-1　计算简图

图 9.3-2a，支撑在风荷载作用下发生弯曲型变形；图 9.3-2b，框架在风载荷作用下发生剪切型变形。图 9.3-2c 表示框架和支撑并联体的变形曲线，其侧移曲线形成反 S 形，支撑可减小框架下部的层间侧移，框架可减小支撑的顶部位移，两者存在相互作用关系。这种关系可由图 9.3-3 受力分析说明。

图 9.3-3a 支撑时弯曲型，图 9.3-3b 框架是剪切型，两者并联，在支撑与框架之间产生相互作用力，图 9.3-3c 结构上部为推力，结构下部为拉力。层剪力在支撑和框架两部分的分配比例随位置变化。结构中下部位，支撑承担大部分总剪力（＞90%），框架承担不足 10% 的总剪力；结构顶部几层，框架承担全部剪力＋支撑给予框架的反向剪力，这两部分剪力小于底部总剪力的 30%。

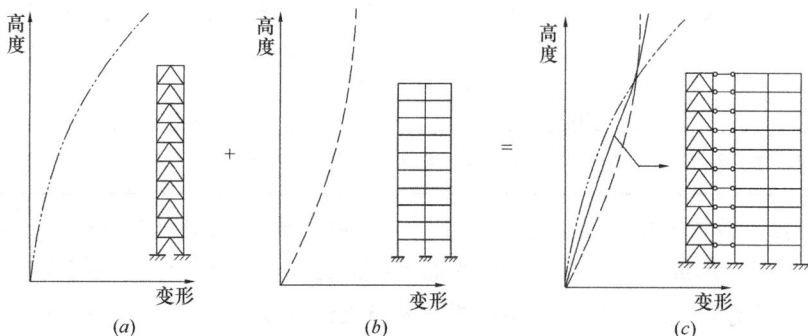

图 9.3-2　变形分析

（a）支撑；（b）框架；（c）框架-中心支撑

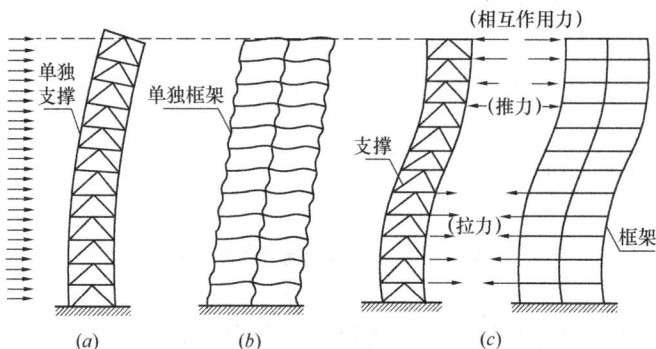

图 9.3-3　框架-支撑相互作用

（a）支撑；（b）框架；（c）框架-支撑体系

9.4 中心支撑设计

支撑本身的设计需考虑两个重要不利因素，往复荷载作用下承载力下降和低周疲劳破坏。还应考虑支撑失稳对相连梁段的影响。

9.4.1 往复荷载下承载力下降

图 9.4-1，在水平地震往复荷载作用下，中下部支撑承受绝大部分剪力（＞90％），支撑斜杆发生拉直、屈曲，再拉直、屈曲的重复屈曲过程，斜杆在重复屈曲过程中受压承载力下降，这可能导致出现底层侧向屈服机制（图 9.4-2a），而设计希望出现总体屈服机制（图 9.4-2b）。

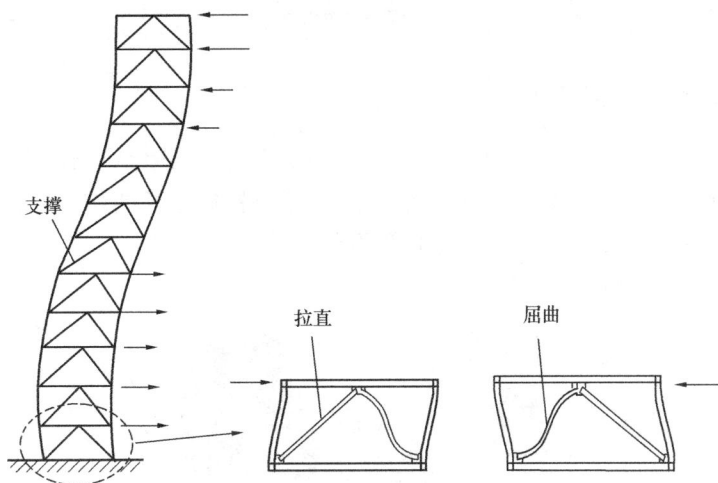

图 9.4-1 支撑反复屈曲

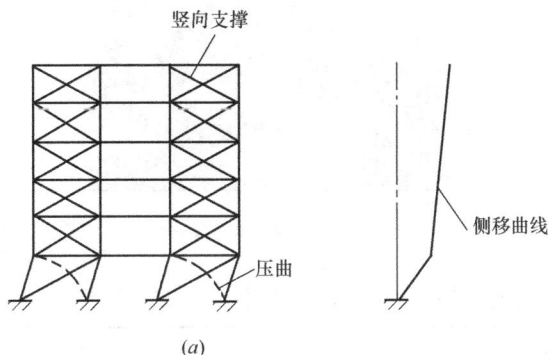

图 9.4-2 屈服机制示意（一）

（a）楼层屈服机制；

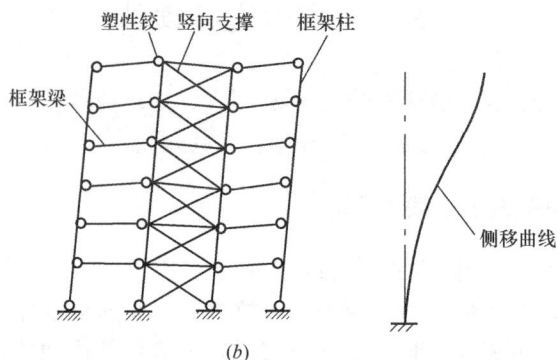

图 9.4-2 屈服机制示意（二）

（b）总体屈服机制

9.4.2 低周疲劳破坏

图 9.4-3 所示，中心支撑的低周疲劳破坏是指总应变幅大、循环次数少的低周高应变疲劳破坏。框架-中心支撑结构的支撑斜杆属于耗能构件，在大震时进入塑性状态耗能应变很大，但经历的循环次数少，属于低周循环。支撑在这种受力状态下可能发生断裂。

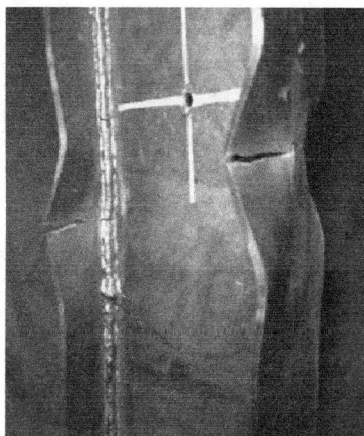

图 9.4-3 低周疲劳破坏

《高层民用建筑钢结构技术规程》规定：

7.5.2 条文说明 国内外的研究均表明，支撑杆件的低周疲劳寿命与其长细比成正相关，而与其板件的宽厚比成负相关。

> 为了防止支撑过早断裂，适当放松对按压杆设计的支撑杆件长细比的控制是合理的。

由条文可知，影响支撑低周疲劳性能的因素有两个：（1）支撑长细比；（2）板件宽厚比。

（1）支撑长细比

"支撑杆件的低周疲劳寿命与其长细比成正相关"，正相关指自变量增长，因变量也跟着增长。因此长细比大，低周疲劳性能好。

（2）板件宽厚比

"支撑杆件的低周疲劳寿命与其板件的宽厚比成负相关"，负相关指因变量随自变量的增大（减小）而减小（增大）。因此板件宽厚比小，低周疲劳性能好。

9.4.3 构造要求

根据影响支撑低周疲劳性能的因素，《高层民用建筑钢结构技术规程》对支撑长细比和板件宽厚比作出规定：

（1）支撑长细比

> 7.5.2 中心支撑斜杆的长细比，按压杆设计时，不应大于 $120\sqrt{235/f_y}$，一、二、三级中心支撑斜杆不得采用拉杆设计，非抗震设计和四级采用拉杆设计时，其长细比不应大于 180。

（2）板件宽厚比

> 7.5.3 中心支撑斜杆的板件宽厚比，不应大于表 7.5.3 规定的限值。

表 7.5.3 钢结构中心支撑板件宽厚比限值

板件名称	一级	二级	三级	四级、非抗震设计
翼缘外伸部分	8	9	10	13
工字形截面腹板	25	26	27	33
箱形截面壁板	18	20	25	30
圆管外径与壁厚之比	38	40	40	42

注：表中数值适用于 Q235 钢，采用其他牌号钢材应乘以 $\sqrt{235/f_y}$，圆管应乘以 $235/f_y$。

9.4.4 受压承载力计算

图 9.4-4，中心支撑斜杆在地震往复荷载作用下反复屈曲，导致受压承载力下降，而且长细比越大，下降的幅度越大。《高层民用建筑钢结构技术规程》指出：

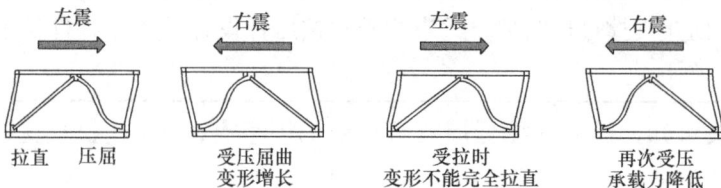

左震	右震	左震	右震
拉直　压屈	受压屈曲变形增长	受拉时变形不能完全拉直	再次受压承载力降低

图 9.4-4　支撑反复屈曲导致受压承载力降低

7.5.5 条文说明　在预估的罕遇地震作用下斜杆反复受拉压，且屈曲后变形增长很大，转为受拉时变形不能完全拉直，这就造成再次受压时承载力降低，即出现退化现象，长细比越大，退化现象越严重，这种现象需要在计算支撑斜杆时予以考虑。

《钢结构设计规范》对轴心压杆的承载力已给出计算公式：

5.1.2　实腹式轴心受压构件的稳定性应按下式计算：

$$\frac{N}{\varphi A} \leqslant f \tag{5.1.2-1}$$

考虑抗震时：$\dfrac{N}{\varphi A} \leqslant f/\gamma_{RE}$

在此基础上考虑往复荷载作用下承载力的下降，《规程》以系数 ψ 对公式右边进行折减：

7.5.5　在多遇地震效应组合作用下，支撑斜杆的受压承载力应满足下式要求：

$$N/(\varphi A_{br}) \leqslant \psi f/\gamma_{RE} \tag{7.5.5-1}$$

$$\psi = 1/(1 + 0.35\lambda_n) \tag{7.5.5-2}$$

$$\lambda_n = (\lambda/\pi)\sqrt{f_y/E} \tag{7.5.5-3}$$

式中　N ——支撑斜杆的轴压力设计值（N）；

A_{br} ——支撑斜杆的毛截面面积（mm^2）；

φ ——按支撑长细比确定的轴心受压构件稳定系数，按现行国家标准《钢结构设计规范》GB 50017 确定；

ψ ——受循环荷载时的强度降低系数；

λ、λ_n ——支撑斜杆的长细比和正则化长细比；

E ——支撑杆件钢材的弹性模量（N/mm^2）；

f、f_y ——支撑斜杆钢材的抗压强度设计值（N/mm^2）和屈服强度（N/mm^2）；

γ_{RE} ——中心支撑屈曲稳定承载力抗震调整系数，按本规程第 3.6.1 条采用。

9.4.5 考虑失稳的设计

图 9.4-5a 中心支撑框架在水平地震作用下一杆受拉、一杆受压（图 9.4-5b），大震时拉杆屈服、压杆屈曲，压杆屈曲后承载力下降，作用于两支撑斜杆交点处的拉力大、压力小，在水平和水平产生不平衡力，导致横梁受到轴力和弯矩，横梁应按压弯构件设计。

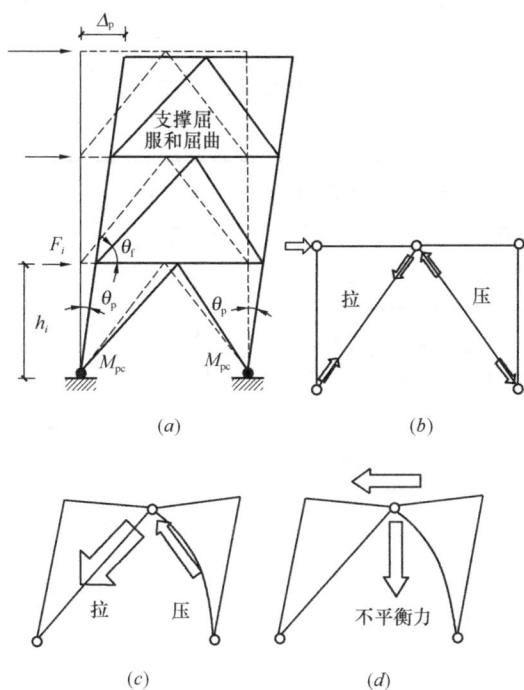

图 9.4-5　支撑受压屈曲分析

《高层民用建筑钢结构技术规程》指出：

7.5.6 条文说明　在罕遇地震作用下，人字形和 V 形支撑框架中的成对支撑会交替经历受拉屈服和受压屈曲的循环作用，反复的整体屈曲，使支撑杆的受压承载力降低到初始稳定临界力的 30% 左右，而相邻的支撑受拉仍能接近屈服承载力，在横梁中产生不平衡的竖向分力和水平力的作用，梁应按压弯构件设计。

为了考虑不平衡力的不利因素，保证横梁的工作状态，7.5.6 款取如下措

施：（如图 9.4-6）

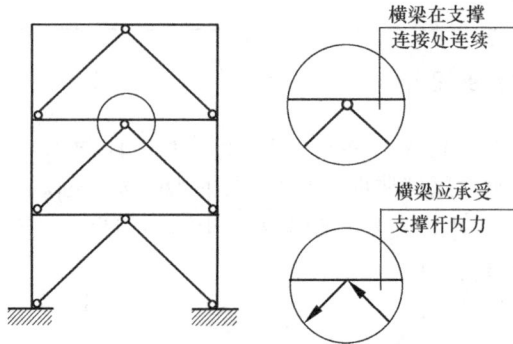

图 9.4-6　节点构造及受力示意

7.5.6　人字形和 V 形支撑框架应符合下列规定：
　1　与支撑相交的横梁，在柱间应保持连续。
　2　在确定支撑跨的横梁截面时，不应考虑支撑在跨中的支承作用。

　　图 9.4-7a、b，罕遇地震作用下人字形和 V 形支撑承受拉、压交替荷载，受压杆支撑发生整体失稳，承载力降低到稳定临界力的 30% 左右，受拉杆支撑仍能保持屈服承载力，此时两支撑在横梁交点处产生不平衡的竖向分力和水平分力。图 9.4-7c，竖向不平衡力计算公式：

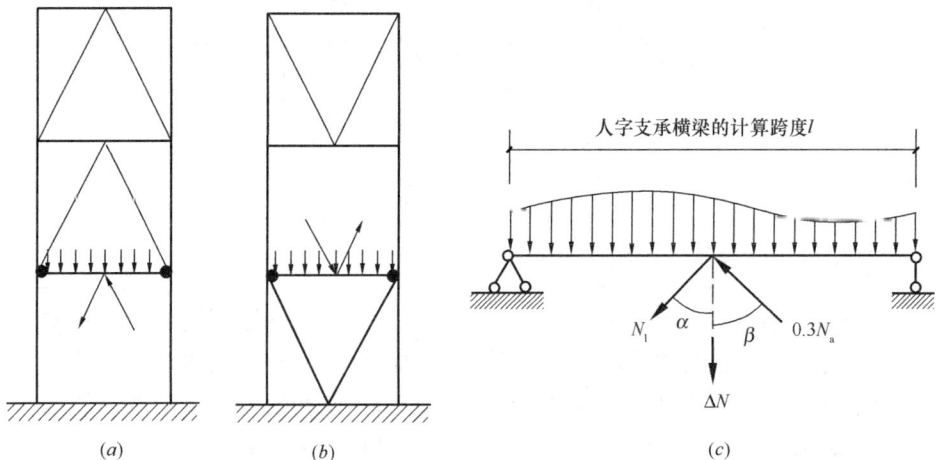

图 9.4-7　竖向不平衡力计算
(a) 人字形；(b) V形；(c) 计算简图

$$\Delta N = N_1\cos\alpha - 0.3N_a\cos\beta$$

人字形支撑向下不平衡分力（图中向下箭头）可能引起楼板下陷，V字形支撑向上不平衡分力（图中向上箭头）可能引起楼板向上隆起，横梁两端可能出现塑性铰。

除了计算不平衡力，还可采取 X 形支撑或拉链柱减小不平衡力的作用。还应在横梁上增加侧向支撑，保证横梁的侧向稳定。

7.5.6　2　为了减少竖向不平衡力引起的梁截面过大，可采用跨层 X 形支撑（图 7.5.6a）或采用拉链柱（图 7.5.6b）。

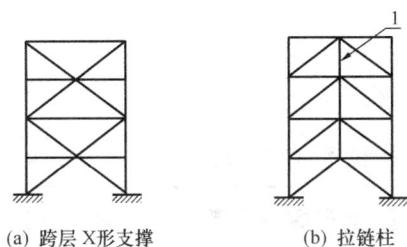

(a) 跨层 X 形支撑　　　　(b) 拉链柱

图 7.5.6　人字支撑的加强
1—拉链柱

3　在支撑与横梁相交处，梁的上下翼缘应设置侧向支承，该支承应设计成能承受在数值上等于 0.02 倍的相应翼缘承载力 $f_y b_f t_f$ 的侧向力的作用，f_y、b_f、t_f 分别为钢材的屈服强度、翼缘板的宽度和厚度。当梁上为组合楼盖时，梁的上翼缘可不必验算。

9.4.6　抗震时不得采用 K 形支撑

《高层民用建筑钢结构技术规程》规定：

7.5.1　抗震设计的结构不得采用 K 形斜杆体系（图 7.5.1-1d）。

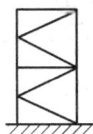

(d) K 形斜杆

7.5.1 条文说明　K 形支撑体系在地震作用下，可能因受压斜杆屈曲或受拉斜杆屈服，引起较大的侧向变形，使柱发生屈曲甚至造成倒塌，故不应在抗震结构中采用。（见图 9.4-8）。

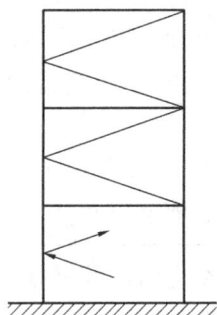

图 9.4-8 K形支撑柱受力示意

9.4.7 屈曲约束支撑

《高层民用建筑钢结构技术规程》规定：

> **7.5.2 条文说明** 为了防止支撑过早断裂，适当放松对按压杆设计的支撑杆件长细比的控制是合理的。
>
> **7.5.2** 中心支撑斜杆的长细比，按压杆设计时，不应大于 $120\sqrt{235/f_y}$ ，一、二、三级中心支撑斜杆不得采用拉杆设计，非抗震设计和四级采用拉杆设计时，其长细比不应大于 **180**。

为了防止断裂中心支撑杆件长细放松控制，达到 $120\sqrt{235/f_y}$ ，支撑将发生失稳（屈曲），失稳后产生不平衡力，且滞回曲线发生捏拢效应（图 9.4-9），耗能能力降低。为了避免支撑出现失稳的不利情况，《规程》建议采用屈曲约束支撑。

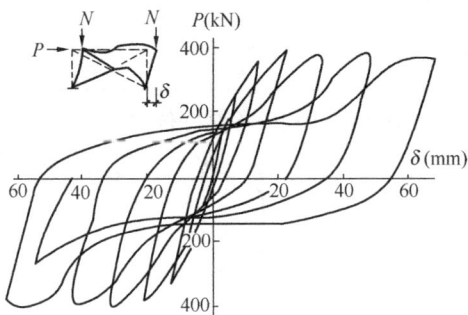

图 9.4-9 中心支撑滞回曲线

2.1.8 屈曲约束支撑

支撑的屈曲受到套管的约束，能够确保支撑受压屈服前不屈曲的支撑，可作为抗震支撑。

E.2 屈曲约束支撑应由核心单元、约束单元和两者之间的无粘结构造层三部分组成（图 E.2.1-1）。

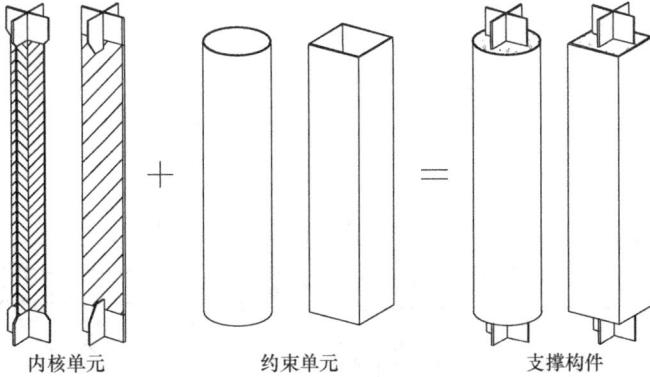

内核单元　　　　　约束单元　　　　　支撑构件

图 E.2.1-1　屈曲约束支撑的构成

图 9.4-10*a*，钢构件表面涂有无黏结材料，构件被填充料包围受到侧向约束，在轴心拉、压力作用下可在方钢管内自由滑动，当压力作用时构件的侧向变形被填充料顶住，不会发生失稳（屈曲），因此受压时承载力不会降低。图 9.4-10*b*，屈曲约束支撑的滞回曲线饱满，没有捏拢效应，能够很好地消耗地震能量。

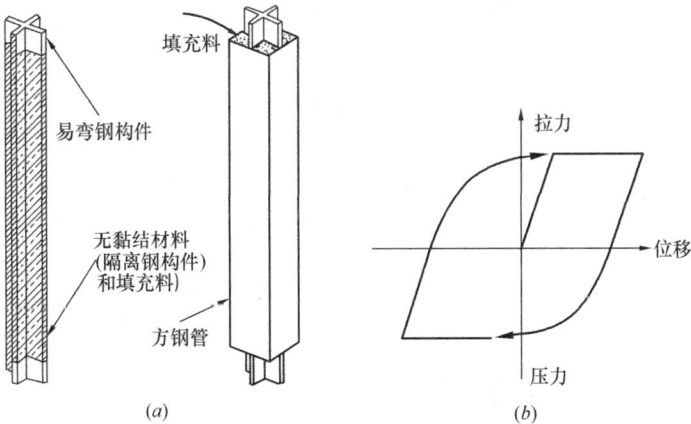

(*a*)　　　　　　　　　　　　　　(*b*)

图 9.4-10　屈曲约束支撑

(*a*) 屈曲约束支撑各部件；(*b*) 滞回曲线

第10章 框架-偏心支撑

10.1 偏心支撑的形式

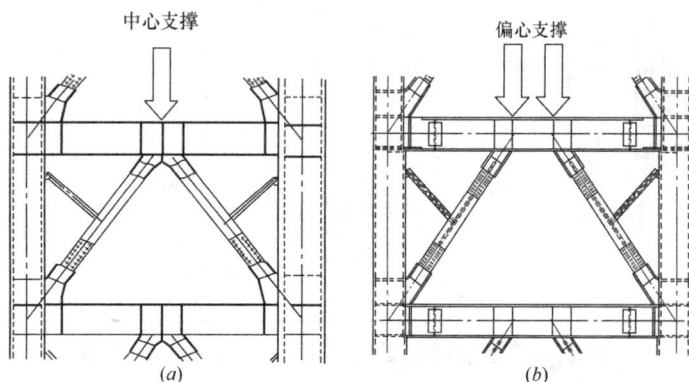

图 10.1-1 中心支撑和偏心支撑对比

(a) 中心支撑；(b) 偏心支撑

《高层民用建筑钢结构技术规程》规定：

> **2.1.4 中心支撑框架**
>
> 支撑杆件的工作线交汇于一点。（图 10.1-1a）
>
> **2.1.5 偏心支撑**
>
> 支撑框架构件的杆件工作线不交汇于一点。（图 10.1-1b）。

10.2 消 能 梁 段

10.2.1 什么是消能梁段

图 10.2-1，消能梁段是框架梁消耗地震作用能量的区段。地震作用时消能梁段起到消耗地震能量的作用，属于耗能构件。

《高层民用建筑钢结构技术规程》规定：

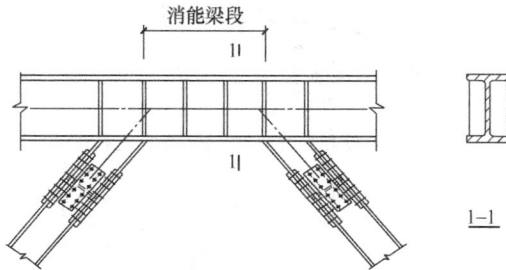

图 10.2-1　消能梁段

2.1.7　消能梁段

偏心支撑框架中，两根斜杆端部之间或一根斜杆端部与柱间的梁段。

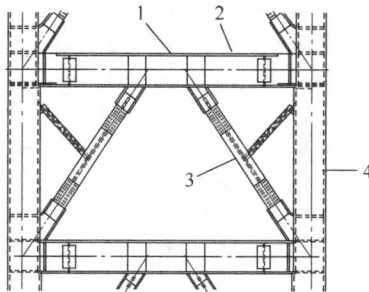

图 10.2-2　偏心支撑框架

1—消能梁段；2—非消能梁段；

3—支撑斜杆；4—框架柱

图 10.2-2，偏心支撑框架受力单元中有消能梁段、非消能梁段、支撑斜杆、框架柱，为了实现消能梁段的耗能作用，设计上应采用三强一弱的原则，即强支撑、强柱、强非消能梁段、弱消能梁段。

《高层民用建筑钢结构技术规程》规定：

7.6.1 条文说明　在支撑与柱之间或支撑与支撑之间，有一段梁，称为消能梁段。消能梁段是偏心支撑框架的"保险丝"，在大震作用下通过消能梁段的非弹性变形耗能，而支撑不屈曲。

图 10.2-3，偏心支撑框架在地震往复荷载作用下，消能梁段屈服耗能，表现为滞回曲线饱满，包围的面积很大，表明有很好的耗能能力。

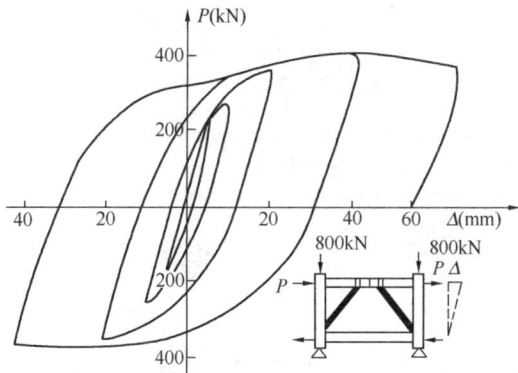

图 10.2-3 偏心支撑框架滞回曲线

10.2.2 消能梁段的类型

《高层民用建筑钢结构技术规程》给出了三种偏心支撑类型：

7.6.1 偏心支撑框架中的支撑斜杆，应至少有一端与梁连接，并在支撑与梁交点和柱之间或支撑同一跨内另一支撑与梁交点之间形成消能梁段（图7.6.1）。

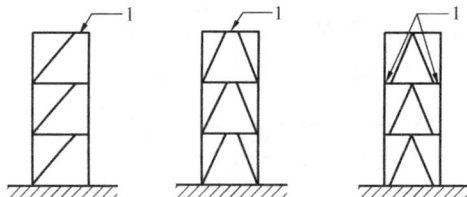

图 7.6.1 偏心支撑框架立面图
1—消能梁段

图 10.2-4，支撑与支撑之间，或支撑与柱之间可形成消能梁段，支撑只能一

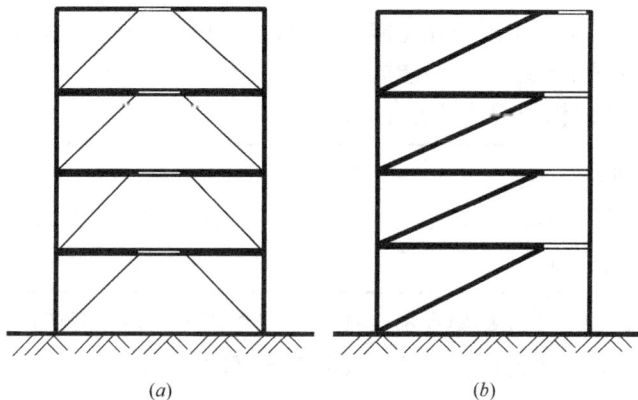

(a)   (b)

图 10.2-4 效能梁段的位置

(a) 支撑与支撑之间的消能梁段；(b) 支撑与柱之间的消能梁段

端与消能梁段相连。当出现图 10.2-5 的情况，支撑两端与消能梁段相连时，只有一端消能梁段能屈服耗能，另一端还是保持弹性。

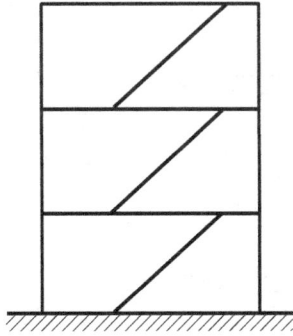

图 10.2-5　不合理的偏心支撑设计

《建筑抗震设计规范》规定：

8.1.6 条文说明　每根斜杆只能在一端与消能梁段连接，若两端均与消能梁段相连，则可能一端的消能梁段屈服，另一端消能梁段不屈服，使偏心支撑的承载力和消能能力降低。

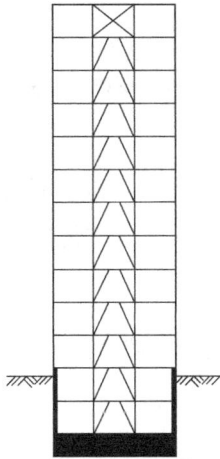

图 10.2-6　偏心支撑和
中心支撑布置示意

图 10.2-6，《高层民用建筑钢结构技术规程》规定：

7.6.1　超过 50m 的钢结构采用偏心支撑框架时，顶层可采用中心支撑。

10.2.3 消能梁段的受力和变形

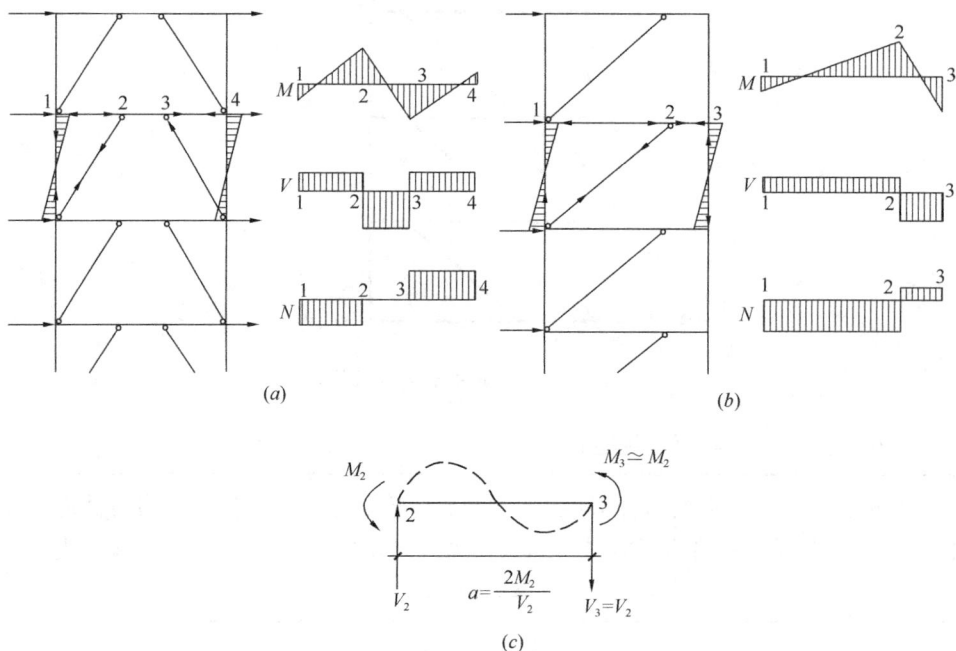

图 10.2-7 消能梁段内力分析
(a) 门式偏心支撑框架内力；(b) 单斜杆式偏心支撑框架内力；(c) 内力分析

图 10.2-7a、b 分析了门式偏心支撑和单斜杆偏心支撑的内力，总结两图的规律，可由图 10.2-7c 的弯矩、剪力可求得消能梁段的净长 a：

$$a = \frac{2M_2}{V_2} \tag{10.2-1}$$

10.3 消能梁段的承载力和净长

10.3.1 承载力

1. 受剪承载力

（1）无轴力时受剪承载力

图 10.2-7a 所示，门式偏心支撑框架在反对称荷载作用下消能梁段无轴力，或轴力很小。《高层民用建筑技术规程》给出了这种情况下受剪承载力的计算方法：

7.6.2、7.6.3 条文说明　当消能梁段的轴力设计值不超过 0.15Af 时，忽略轴力影响，消能梁段的受剪承载力取腹板屈服时的剪力和消能梁段两端形成塑性铰时的剪力两者的较小值。

图 10.3-1，当腹板屈服时受剪承载力计算公式：

当 $N \leqslant 0.15Af$

$$V_l = 0.58A_w f_{ay}$$
$$A_w = (h - 2t_f)t_w$$

式中　　V_l —— 消能梁段不计入轴力影响的受剪承载力（N）；

A_w —— 消能梁段的腹板截面面积；

h —— 消能梁段的截面高度；

t_w、t_f —— 分别为消能梁段的腹板厚度和翼缘厚度；

f_{ay} —— 消能梁段钢材的屈服强度，取材料的屈服剪应力 τ_y 为弯曲屈服应力 f_y 的 $1/\sqrt{3}$，$\tau_y = f_y/\sqrt{3} = 0.58f_y$。

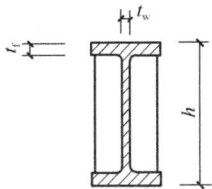

图 10.3-1　工形截面
腹板屈服

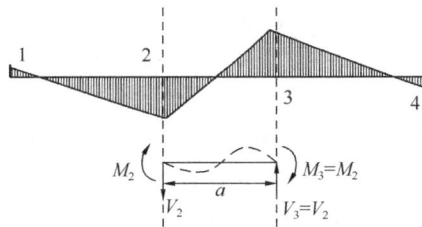

图 10.3-2　消能梁段两端屈服

图 10.3-2，消能梁段两端形成塑性铰，截面受弯屈服，根据力的平衡方程可得消能梁段剪力：

$$M_{lp} = fW_{np}$$
$$V_l = 2M_{lp}/a$$

式中　　a —— 消能梁段的净长；

M_{lp} —— 消能梁段的全塑性受弯承载力（N·mm）；

f —— 消能梁段钢材的抗压强度设计值；

W_{np} —— 消能梁段的塑性截面模量。

（2）有轴力时受剪承载力

图 10.2-7b 单斜杆偏心支撑框架的消能梁段轴力较大，不能忽略轴力对消能梁段抗震滞回性能的影响，此时降低消能梁段的受剪承载力。《高层民用建筑钢结构技术规程》规定：

7.6.2、7.6.3 条文说明 当轴力设计超过 $0.15Af$ 时，则降低梁段的受剪承载力，以保证消能梁段具有稳定的滞回性能。

当 $N > 0.15Af$

$$V_{lc} = 0.58A_w f_y \sqrt{1 - [N/(fA)]^2} \quad \text{或} \quad V_{lc} = 2.4M_{lp}[1 - N/(fA)]/a，取较小值$$

式中 V_{lc} ——消能梁段计入轴力影响的受剪承载力（N）；

f_y ——屈服强度值（N/mm²）。

由荷载组合得到的梁剪力应小于梁的受剪承载力，《规程》在此基础上考虑了一定的安全储备，以折减系数 ϕ 体现。

7.6.2 消能梁段的受剪承载力应符合下列公式的规定：

1 $N \leqslant 0.15Af$ 时

$$V \leqslant \phi V_l \qquad (7.6.2\text{-}1)$$

2 $N > 0.15Af$ 时

$$V \leqslant \phi V_{lc} \qquad (7.6.2\text{-}2)$$

式中 N ——消能梁段的轴力设计值（N）；

V ——消能梁段的剪力设计值（N）；

ϕ ——系数，可取 0.9；

V_l、V_{lc} ——分别为消能梁段不计入轴力影响和计入轴力影响的受剪承载力（N），可按本规程第 7.6.3 条的规定计算；有地震作用组合时，应按本规程第 3.6.1 条的规定除以 γ_{RE}。

7.6.3 消能梁段的受剪承载力可按下列公式计算：

1 $N \leqslant 0.15Af$ 时

$$\left. \begin{aligned} &V_l = 0.58A_w f_y \text{ 或 } V_l = 2M_{lp}/a，取较小值 \\ &A_w = (h - 2t_f)t_w \\ &M_{lp} = fW_{np} \end{aligned} \right\} \qquad (7.6.3\text{-}1)$$

2 $N > 0.15Af$ 时

$$V_{lc} = 0.58A_w f_y \sqrt{1 - [N/(fA)]^2} \qquad (7.6.3\text{-}2)$$

或 $$V_{lc} = 2.4M_{lp}[1 - N/(fA)]/a，取较小值 \qquad (7.6.3\text{-}3)$$

式中 V_l ——消能梁段不计入轴力影响的受剪承载力（N）；

V_{lc} ——消能梁段计入轴力影响的受剪承载力（N）；

M_{lp} ——消能梁段的全塑性受弯承载力（N·mm）；

a、h、t_w、t_f——分别为消能梁段的净长（mm）、截面高度（mm）、腹板厚度和翼缘厚度（mm）；

A_w——消能梁段腹板截面面积（mm²）；

A——消能梁段的截面面积（mm²）；

W_np——消能梁段对其截面水平轴的塑性净截面模量（mm³）；

f、f_y——分别为消能梁段钢材的抗压强度设计值和屈服强度值（N/mm²）。

2. 受弯承载力

消能梁段的受弯承载力也分为轴力不大（$N \leqslant 0.15Af$）和轴力较大（$N > 0.15Af$）两种情况。

当 $N \leqslant 0.15Af$ 时，按全截面（图 10.3-3）考虑梁的抗弯能力，梁的受弯承载力计算公式：

$$\frac{M}{W} + \frac{N}{A} \leqslant f$$

当 $N > 0.15Af$ 时，梁腹板用于抗剪，翼缘抵抗轴力和弯矩（图 10.3-4），受弯承载力计算公式：

$$\left(\frac{M}{h} + \frac{N}{2}\right)\frac{1}{b_\mathrm{f}t_\mathrm{f}} \leqslant f$$

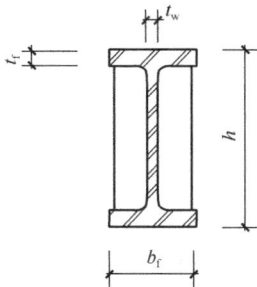

图 10.3-3　全截面受弯　　　　图 10.3-4　翼缘承受轴力和弯矩

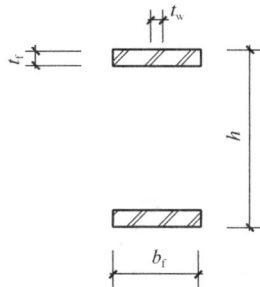

《高层民用建筑钢结构技术规程》规定：

7.6.4 消能梁段的受弯承载力应符合下列公式的规定：

1 $N \leqslant 0.15Af$ 时

$$\frac{M}{W} + \frac{N}{A} \leqslant f \tag{7.6.4-1}$$

2 $N > 0.15Af$ 时

$$\left(\frac{M}{h} + \frac{N}{2}\right)\frac{1}{b_f t_f} \leqslant f \qquad (7.6.4-2)$$

式中　M——消能梁段的弯矩设计值（N·mm）；

　　　N——消能梁段的轴力设计值（N）；

　　　W——消能梁段的截面模量（mm³）；

　　　A——消能梁段的截面面积（mm²）；

h、b_f、t_f——分别为消能梁段的截面高度（mm）、翼缘宽度（mm）和翼缘厚度（mm）；

　　　f——消能梁段钢材的抗压强度设计值（N/mm²），有地震作用组合时，应按本规程第3.6.1的规定除以 γ_{RE}。

10.3.2　消能梁段的净长

1. 支撑与支撑之间消能梁段

图10.3-5，门式偏心支撑中消能梁段的轴力很小，不考虑轴力对消能梁段塑性受弯承载力和塑性受剪承载力的影响，塑性受弯承载力 $M_{lp} = fW_p$，塑性受剪承载力 $V_l = 0.58A_w f_{ay}$。根据图10.3-5b受力分析，消能梁段两端受弯矩达到塑性时 $M_2 = M_3 = M_{lp}$，腹板受剪达到塑时 $V_2 = V_3 = V_l$。此时消能梁段处于受弯、受剪两种屈服类型并存的状态，对应的消能梁段长度称为界限净长 a_b，计算公式为：

$$a_b = \frac{2M_{lp}}{V_l} \qquad (10.3-1)$$

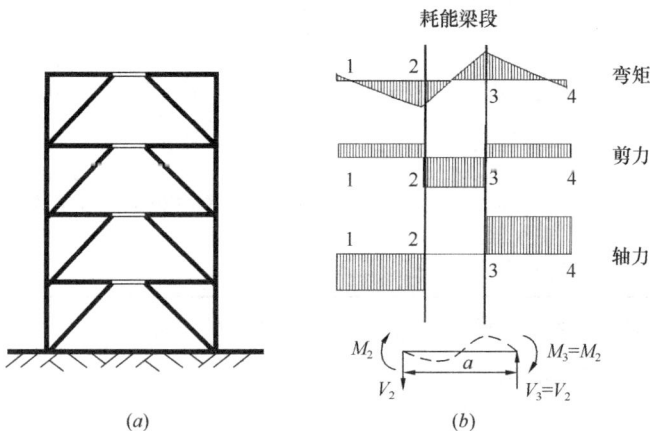

图10.3-5　支撑与支撑之间消能梁段分析

（a）门式偏心支撑框架；（b）梁的内力图

消能梁段净长 a 与消能梁段界限净长 a_b 存在如下关系：

$a<a_b$，消能梁段腹板达到 V_l，两端弯矩未达到 M_{lp}，属于剪切屈服型消能梁段。

$a=a_b$，两种屈服类型并存的消能梁段。

$a>a_b$，消能梁段腹板未达到 V_l，两端弯矩达到 M_{lp}，属于弯曲屈服型消能梁段。

图 10.3-6a，剪切屈服型消能梁段短，在地震往复荷载作用下腹板屈服，形成薄膜张力场；图 10.3-6b，弯曲屈服型消能梁段长，地震作用下两端受弯屈服出现塑性铰。

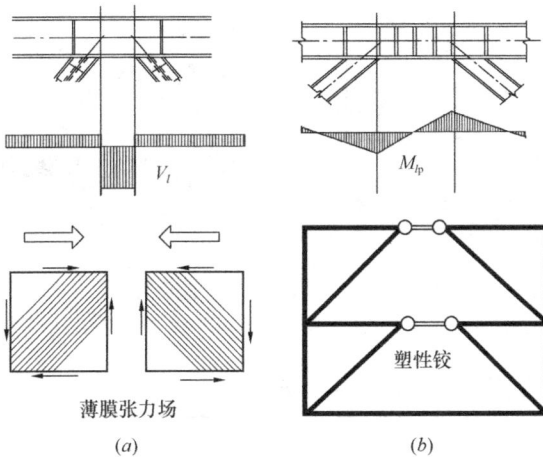

图 10.3-6　消能梁段的屈服类型

（a）剪切屈服型；（b）弯曲屈服型

通过偏心支撑框架试验进一步说明消能梁段剪切屈服型和弯曲屈服型的不同形式，图 10.3-7a 消能梁段净长 600mm，承载水平往复荷载，图 10.7-3b 消能梁

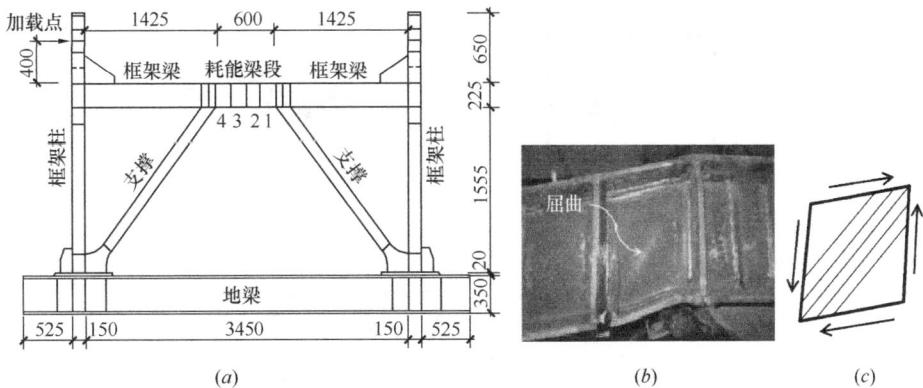

图 10.3-7　剪切屈服型消能梁段

（a）偏心支撑框架；（b）剪切屈服；（c）薄膜张力场

段边区格发生剪切屈服，区格内对角线处腹板鼓起发生局部屈曲，拉力形成薄膜张力场（图 10.3-7c）。

图 10.3-8a 消能梁段净长 1200mm，水平地震往复荷载作用下梁两端受弯屈服，左边区格端下部受拉出现裂缝，右边区格下部受压屈曲。

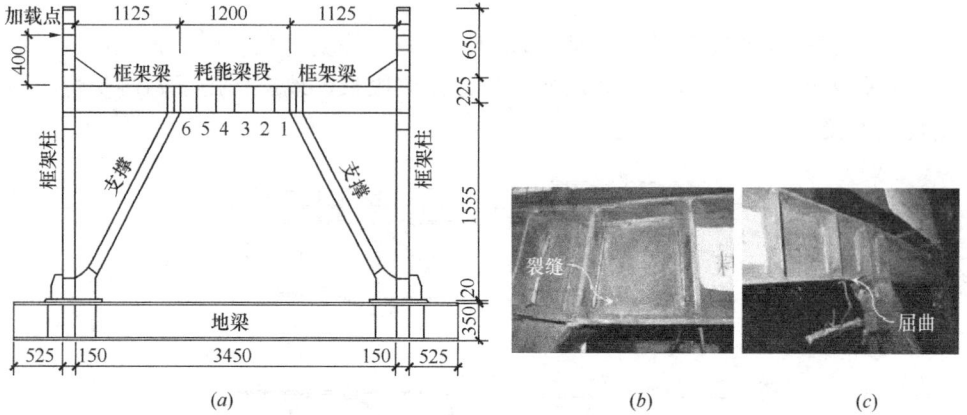

图 10.3-8　弯曲屈服型消能梁段

(a) 偏心支撑框架；(b) 左边区格裂缝至腹板内；(c) 右边区格下翼缘屈曲

《高层民用建筑钢结构技术规程》规定：

8.8.5 条文说明

2　消能梁段较短时为剪切屈服型，较长时为弯曲屈服型。消能梁段一般应设计成剪切屈服型。

---

2. 支撑与柱之间消能梁段

图 10.3-9，单斜杆偏心支撑框架受力分析表明，消能梁段存在较大轴力，这

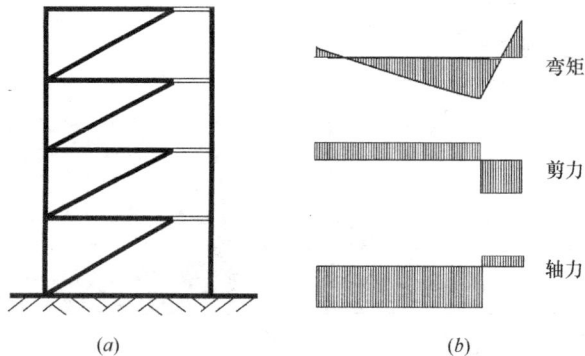

图 10.3-9　支撑与柱之间消能梁段分析

(a) 单斜杆式偏心支撑框架；(b) 梁的内力图

部分轴力将消耗消能梁的承载力，降低它的抗震性能。这种不利影响应在设计中考虑，并通过合理的设计削弱这种不利影响。

《高层民用建筑钢结构技术规程》指出：

8.8.3 条文说明 支撑斜杆轴力的水平分量成为消能梁段的轴向力，当此轴向力较大时，除降低此梁段的受剪承载力外，还需减少该梁段的长度，以保证消能梁段具有良好的滞回性能。

《建筑抗震设计规范》规定：

8.5.4 消能梁段与柱的连接应符合下列要求：
　　1 消能梁段与柱连接时，其长度不得大于 $1.6M_{lp}/V_l$。

根据公式（10.3-1）：

$$a_{\mathrm{b}} = \frac{2M_{lp}}{V_l} \quad 则 \quad 0.8a_{\mathrm{b}} = \frac{1.6M_{lp}}{V_l}$$

净长 $a \leqslant 1.6M_{lp}/V_l$ 是短梁段，属于剪切屈服型。试验表明，剪切屈服型偏心支撑框架抵抗大震特别有利，其刚度与中心支撑接近，耗能能力与框架接近，优于弯曲屈服型。98 版《高层民用建筑钢结构技术规程》JGJ 99—98 曾规定：

第 6.5.4 条 耗能梁段宜设计成剪切屈服型，当其与柱连接时，不应设计成弯曲屈服型。

《高层民用建筑钢结构技术规程》JGJ 99—2015 规定：

8.8.3 消能梁段的净长应复核下列规定：
　　1 当 $N \leqslant 0.16Af$ 时，其净长不宜大于 $1.6M_{lp}/V_l$。
　　2 当 $N > 0.16Af$ 时：
　　1) $\rho(A_{\mathrm{w}}/A) < 0.3$ 时

$$a \leqslant 1.6M_{lp}/V_l \tag{8.8.3-1}$$

　　2) $\rho(A_{\mathrm{w}}/A) \geqslant 0.3$ 时

$$a \leqslant [1.15 - 0.5\rho(A_{\mathrm{w}}/A)]1.6M_{lp}/V_l \tag{8.8.3-2}$$

$$\rho = N/V \tag{8.8.3-3}$$

式中　a——消能梁段净长（mm）；
　　　ρ——消能梁段轴力设计值与剪力设计值之比值。

根据上述规定可知，支撑与柱之间的消能梁段应设计成剪切屈服型。

10.4 保证消能梁段有效的措施

为了保证消能梁段正常发挥作用，需要采取九项抗震措施。这九项抗震措施分三个层次：第一层次，从全局考虑，通过①强支撑、②强柱、③强非消能梁段，保证消能梁段像"保险丝"发挥作用；第二层次，从局部考虑，为了防止消能梁段发生整体失稳、局部失稳，并与其他构件稳固连接，应增加①侧向支撑、保证②消能梁段的连接、③设置加劲肋；第三层次，保证消能梁段自身的延性能力，应控制①板件宽厚比，②不贴补、不开洞，③选用塑性性能好的钢材。

10.4.1 全局（第一层次）

1. 强支撑、强柱、强非消能梁段的调整

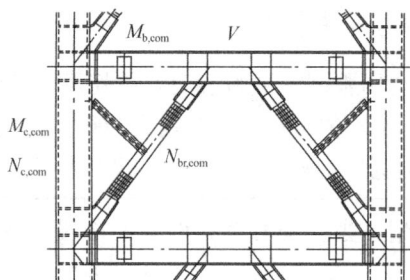

图 10.4-1 各构件内力符号

图 10.4-1，V 对应消能梁段剪力设计值，由小震时内力计算并组合得到。内力符号的角标 com 表示对应于消能梁段剪力设计值 V 时构件的内力值。

$N_{br,com}$ 表示与消能梁段 V 同一工况下的支撑组合的轴力计算值；

$M_{b,com}$ 表示与消能梁段 V 同一工况下的位于消能梁段同一跨框架梁组合的弯矩计算值；

$M_{c,com}$ 表示与消能梁段 V 同一工况下的柱组合的弯矩计算值。
$N_{c,com}$ 表示与消能梁段 V 同一工况下的柱组合轴力计算值。

为了保证消能梁段屈服耗能成为"保险丝"，其他构件应保持弹性，采用三强一弱的设计原则，即强支撑、强柱、强非消能梁段。要达到这个目的，须增大柱、支撑、非消能梁段的设计内力，增大系数由两部分组成。

第一步，以消能梁段屈服时的剪力 V_l 为基准，各个构件增大 V_l/V 倍，这样消能梁段屈服时其他构件不屈服，其他构件的内力提高为：

$$N_{br,com} \rightarrow \frac{V_l}{V} N_{br,com}$$

$$M_{b,com} \rightarrow \frac{V_l}{V} M_{b,com}$$

$$M_{c,com} \rightarrow \frac{V_l}{V} M_{c,com} \ , \ N_{c,com} \rightarrow \frac{V_l}{V} N_{c,com}$$

第二步，根据不同的抗震等级给出不同的增大系数 η_{br}、η_b、η_c：

$$N_{br,com} \rightarrow_{br} \frac{V_l}{V} N_{br,com} \rightarrow \eta_{br} \frac{V_l}{V} N_{br,com}$$

$$M_{b,com} \rightarrow \frac{V_l}{V}M_{b,com} \rightarrow \eta_b\frac{V_l}{V}M_{b,com}$$

$$M_{c,com} \rightarrow \frac{V_l}{V}M_{c,com} \rightarrow \eta_c\frac{V_l}{V}M_{c,com} , N_{c,com} \rightarrow \frac{V_l}{V}N_{c,com} \rightarrow \eta_c\frac{V_l}{V}N_{c,com}$$

《高层民用建筑钢结构技术规程》规定：

7.6.5 有地震作用组合时，偏心支撑框架中除消能梁段外的构件内力设计值应按下列规定调整：

1 支撑的轴力设计值

$$N_{br} = \eta_{br}\frac{V_l}{V}N_{br,com} \qquad (7.6.5-1)$$

2 位于消能梁段同一跨的框架梁的弯矩设计值

$$M_b = \eta_b\frac{V_l}{V}M_{b,com} \qquad (7.6.5-2)$$

3 柱的弯矩、轴力设计值

$$M_c = \eta_c\frac{V_l}{V}M_{c,com} \qquad (7.6.5-3)$$

$$N_c = \eta_c\frac{V_l}{V}N_{c,com} \qquad (7.6.5-4)$$

式中　　N_{br}——支撑的轴力设计值（kN）；

M_b——位于消能梁段同一跨的框架梁的弯矩设计值（kN·m）；

M_c、N_c——分别为柱的弯矩（kN·m）、轴力设计值（kN）；

V_l——消能梁段不计入轴力影响的受剪承载力（kN），取式（7.6.3-1）中的较大值；

V——消能梁段的剪力设计值（kN）；

$N_{br,com}$——对应于消能梁段剪力设计值 V 的支撑组合的轴力计算值（kN）；

$M_{b,com}$——对应于消能梁段剪力设计值 V 的位于消能梁段同一跨框架梁组合的弯矩计算值（kN·m）；

$M_{c,com}$、$N_{c,com}$——分别为对应于消能梁段剪力设计值 V 的柱组合的弯矩计算值（kN·m）、轴力计算值（kN）；

η_{br}——偏心支撑框架支撑内力设计值增大系数，其值在一级时不应小于1.4，二级时不应小于1.3，三级时不应小于1.2，四级时不应小于1.0；

η_b、η_c——分别为位于消能梁段同一跨的框架梁的弯矩设计值增大系数和柱的内力设计值增大系数，其值在一级时不应小于1.3，二、三、四级时不应小于1.2。

2. 偏心支撑、非消能梁段、柱的承载力计算

地震作用下消能梁段屈服耗能，偏心支撑、非消能梁段、柱保持弹性，因此支撑按弹性压杆设计，梁、柱按《钢结构设计规范》GB 50017 验算，有地震组合时考虑承载力抗震调整系数。

《高层民用建筑钢结构技术规程》规定：

7.6.6 偏心支撑斜杆的轴向承载力应符合下式要求：

$$\frac{N_{br}}{\varphi A_{br}} \leqslant f \tag{7.6.6}$$

式中　N_{br} ——支撑的轴力设计值（N）；

　　　A_{br} ——支撑截面面积（mm^2）；

　　　φ ——由支撑长细比确定的轴心受压构件稳定系数；

　　　f ——钢材的抗拉、抗压强度设计值（N/mm^2），有地震作用组合时，应按本规程第 3.6.1 条的规定除以 γ_{RE}。

7.6.7 偏心支撑框架梁和柱的承载力，应按现行国家标准《钢结构设计规范》GB 50017 的规定进行验算；有地震作用组合时，钢材强度设计值应按本规程 3.6.1 条的规定除以 γ_{RE}。

10.4.2　局部（第二层次）

1. 侧向隔撑

《高层民用建筑钢结构技术规程》规定：

8.8.8 消能梁段与支撑连接处，其上、下翼缘应设置侧向支撑。（图 10.4-2）

8.8.8 条文说明 消能梁段两端设置翼缘的侧向隔撑，是为了承受平面外扭转作用。

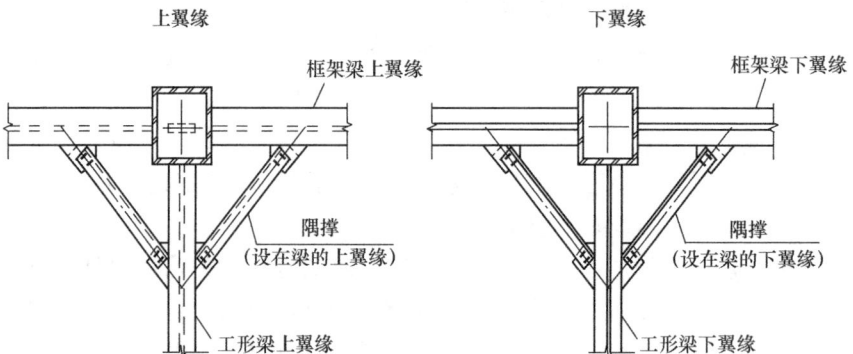

图 10.4-2　侧向隔撑

2. 消能梁段的连接

《高层民用建筑钢结构技术规程》规定：

8.8.6 消能梁段与柱的连接应符合下列规定：
    1 消能梁段与柱翼缘应采用刚性连接。

偏心支撑斜杆与梁轴线的交点在消能梁段内时，将产生与消能梁段端部弯矩反向的附加弯矩，减少消能梁段和支撑斜杆的弯矩，对抗震有利；当交点在消能梁段外时，将增大支撑和消能梁段的弯矩，对抗震不利。因此，构造上要求交点不得在消能梁段外，如图 10.4-3 所示。

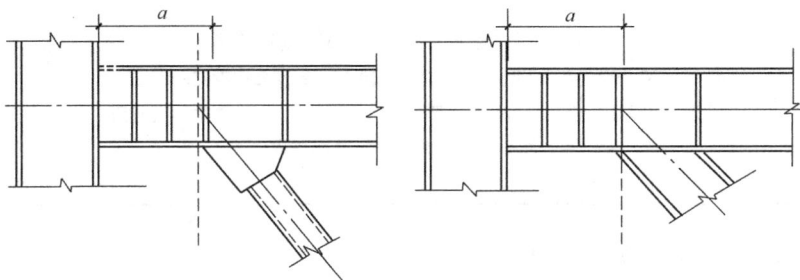

图 10.4-3 消能梁段与支撑的交点

8.8.7 支撑与消能梁段的连接应符合下列规定：
    1 支撑轴线与梁轴线的交点，不得在消能梁段外；（图 10.4-3）。

3. 设置加劲肋

为了保证消能梁段在地震往复荷载作用下有稳定的耗能能力，应加强对腹板的约束。图 10.4-4，在支撑与梁连接处和消能梁段中间设置腹板加劲肋。

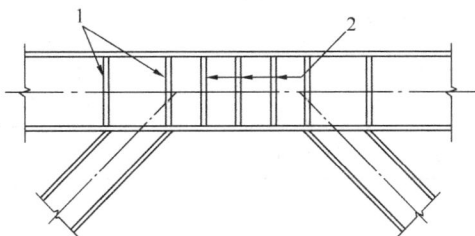

图 10.4-4 加劲肋设置
1—支撑翼缘处加劲肋；2—消能梁段中间加劲肋

《高层民用建筑钢结构技术规程》规定：

8.8.5 消能梁段的腹板应按下列规定设置加劲肋（图8.8.5）：

1 消能梁段与支撑连接处，应在其腹板两侧设置加劲肋；

2 $a \leqslant 1.6 M_{lp}/V_l$ 时，中间加劲肋间距不应大于（$30t_w - h/5$）；

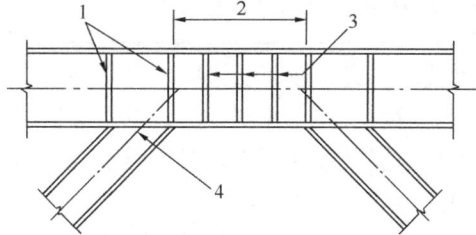

图 8.8.5　消能梁段的腹板加劲肋设置

1—双面全高设加劲肋；2—消能梁段上、下翼缘均设侧向支撑；
3—腹板高大于 640mm 时设双面中间加劲肋；4—支撑中心线与消
能梁段中心线交于消能梁段内

10.4.3　本身（第三层次）

1. 板件宽厚比

消能梁段在地震耗能过程中腹板和翼缘不能发生局部失稳，应控制其板件宽厚比。

《高层民用建筑钢结构技术规程》规定：

8.8.1 消能梁段及与消能梁段同一跨内的非消能梁段，其板件的宽厚比不应大于表8.8.1规定的限值。

表 8.8.1　偏心支撑框架梁板件宽厚比限值

板件名称		宽厚比限值
翼缘外伸部分		8
腹板	当 $N/(Af) \leqslant 0.14$ 时	$90 [1-1.65N/(Af)]$
	当 $N/(Af) \leqslant 0.14$ 时	$33 [2.3-N/(Af)]$

注：表列数值适用于 Q235 钢，当材料为其他钢号时应乘以 $\sqrt{235/f_y}$，$N/(Af)$ 为梁轴压比

2. 不贴补、不开洞

《高层民用建筑钢结构技术规程》规定：

8.8.4 条文说明　由于腹板上贴焊的补强板不能进入弹塑性变形，因此不能采用补强板，腹板上开洞也会影响其弹塑性变形能力。

8.8.4 消能梁段的腹板不得贴焊补强板，也不得开洞。

3. 选用钢材

《高层民用建筑钢结构技术规程》规定：

4.1.7 偏心支撑框架中的消能梁段所用钢材的屈服强度不应大于 345N/mm²，屈强比不应大于 0.8；且屈服强度波动范围不应大于 100N/mm²。

第11章 伸臂桁架和腰桁架

《高层民用建筑钢结构技术规程》3.2.2条规定了框架、框架-中心支撑、框架-偏心支撑适用的最大高度，例如7度（0.15g）时框架90m、框架-中心支撑200m、框架-偏心支撑220m。当房屋高度再增加时应采用筒体结构，为了增强筒体结构的整体性，核心筒与外框架柱之间需要设置伸臂桁架和腰桁架。

11.1 结 构 布 置

11.1.1 伸臂桁架、腰桁架和加强层

图11.1-1a结构简图所示，3层、15层、38层布置伸臂桁架和腰桁架。图11.1-1b，结构由内核心筒和外围框架组成。图11.1-2a内筒立面图显示伸臂桁架的布置，图11.1-2c外筒框架的帽桁架、腰桁架、转换桁架布置图，其中帽桁架和转换桁架也归类为腰桁架。

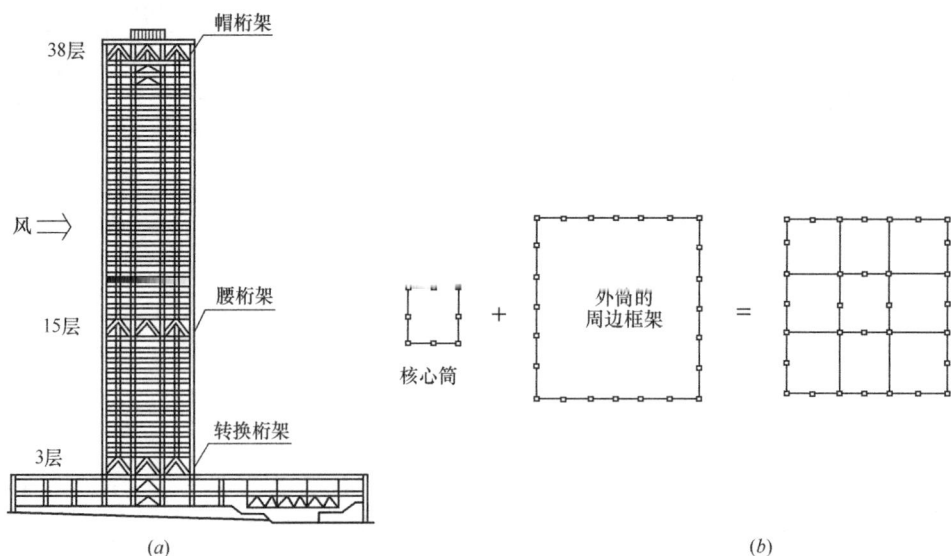

图 11.1-1 工程实例

（a）立面图简图；（b）平面图简图

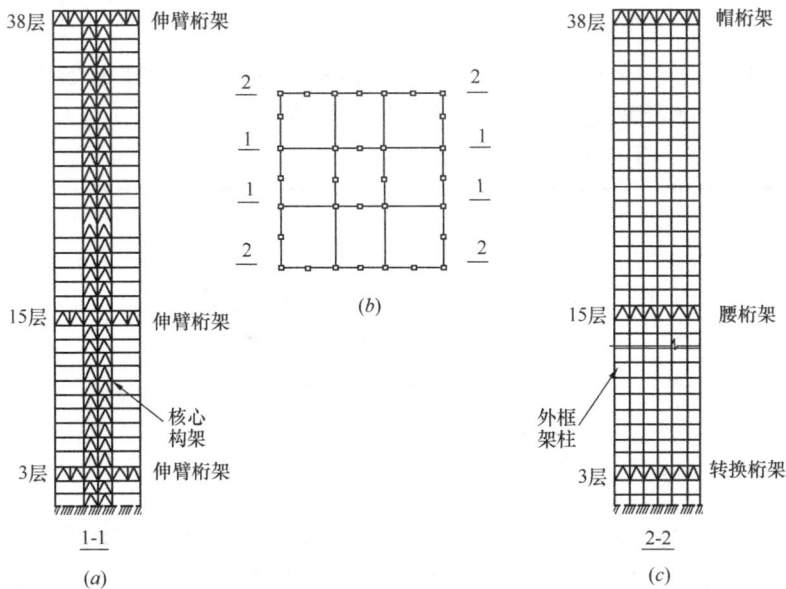

图 11.1-2 结构简图
(a) 内筒立面图；(b) 平面图；(c) 外筒框架立面图

图 11.1-3，38 层顶层帽桁架（也称腰桁架）将外围框架柱连成整体，增强了外围结构的整体性。《高层民用建筑钢结构技术规程》规定：

7.7.2 1 腰桁架宜采用钢桁架。腰桁架与外框架柱之间应采用刚性连接。

图 11.1-4，伸臂桁架将外框柱与核心筒连成整体，增强了内外两部分结构的联系。《规程》规定：

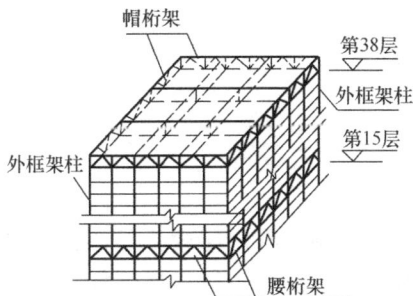

图 11.1-3 外框柱之间
设置腰桁架

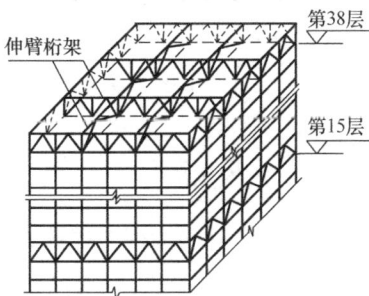

图 11.1-4 外框柱与核心筒
之间设置伸臂桁架

> **7.7.1** 伸臂桁架设置在外框架柱与核心构架或核心筒之间，宜在全楼层对称布置
>
> **7.7.2** **1** 伸臂桁架宜采用钢桁架。伸臂桁架应与核心构架柱相交部位连接。
> **3** 伸臂桁架与核心构架之间的连接应采用刚接，且宜将其贯穿核心构架，与另一边的伸臂桁架相连。

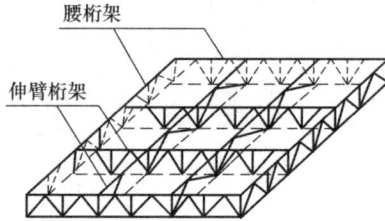

图 11.1-5　加强层

图 11.1-5，设置伸臂桁架及腰桁架的楼层称水平加强层。对应伸臂桁架的楼层位置，沿外框架周边设置腰桁架，使外框架的所有柱子能与内筒起到整体抗弯作用。

11.1.2　内力调整

《高层民用建筑钢结构技术规程》规定：

> **7.7.2** **5** 当伸臂桁架或腰桁架兼作转换层构件时，应按本规程第 7.1.6 条规定调整内力并验算其竖向变形及承载能力；
>
> **7.1.6** 当在多遇地震组合下进行构件承载力计算时，托柱梁地震作用产生的内力应乘以增大系数，增大系数不得小于 1.5。

11.2　结　构　分　析

11.2.1　结构组成

图 11.2-1*b*，普通的框—撑体系承受水平荷载时，房屋中央核心构架平面尺寸小，与外框柱之间跨度大则钢梁抗弯刚度弱，核心构架与外框柱无法形成整体。水平荷载主要由核心构架抵抗。图 11.2-1*c*，核心构架高宽比为 18，细长的结构无法提供足够的抗侧刚度满足设计要求。图 11.2-1*d*，为了增加抗侧刚度，在结构的第 3 层、15 层、38 层设置伸臂桁架，伸臂桁架、核心构架、外框筒组成加劲的框—撑体系抵抗水平荷载，结构的高宽比为 6，可满足设计要求。

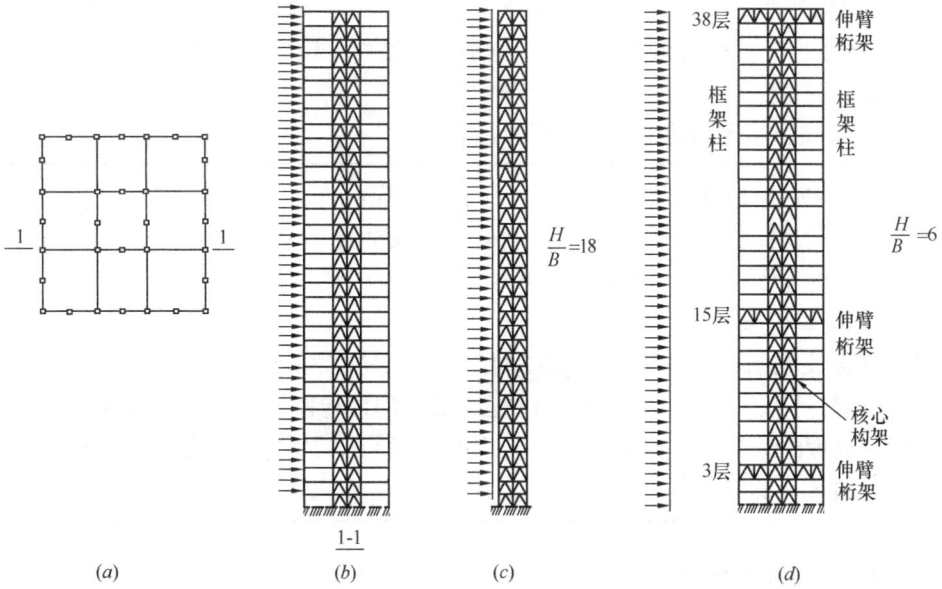

图 11.2-1 框-撑体系分析

（a）平面图；（b）框-撑体系；（c）核心构架；（d）加劲的框-撑体系

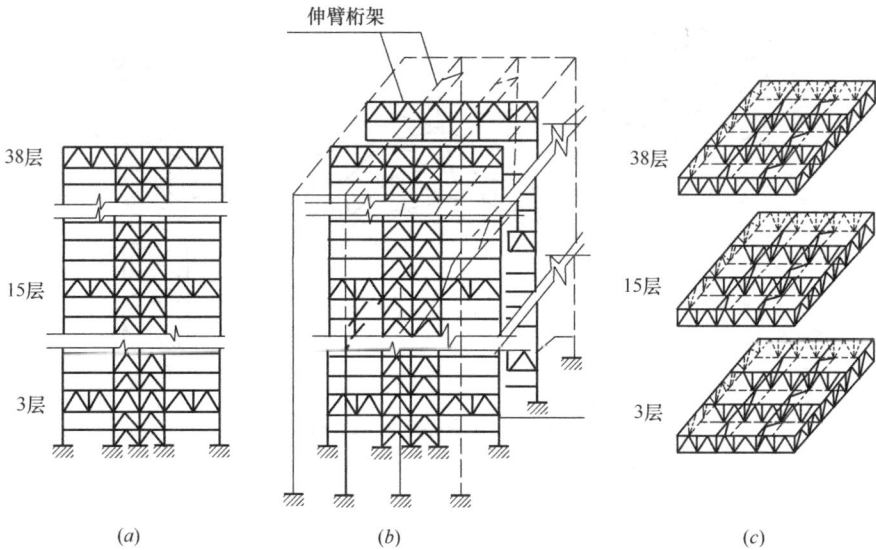

图 11.2-2 空间抗弯结构

（a）立面图；（b）立体图；（c）加强层

图 11.2-2b，伸臂桁架纵向布置两榀、横向布置两榀，形成纵向加劲框-撑体系和横向加劲框-撑体系，竖向增加三道水平加强层，通过纵、横、竖向三个方向的加强形成空间抗弯结构提高了抗侧刚度，这种结构形式的最大适用高度也相应提高。

《高层民用建筑钢结构技术规程》指出：

> **7.7.1** 伸臂桁架及腰桁架的布置应符合下列规定：
>
> **1** 在需要提高结构整体侧向刚度时，在框架-支撑组成的筒中筒结构或框架-核心筒结构的适当楼层（加强层）可设置伸臂桁架，必要时可同时在外框柱之间设置腰桁架。
>
> **7.7.1 条文说明** 在框架-支撑组成的筒中筒结构或框架-核心筒结构的加强层设置伸臂桁架及（或）腰桁架可以提高结构的侧向刚度，据统计对于 $200\sim$ 300m 高度的结构，设置伸臂桁架后刚度可提高 15% 左右，设置腰桁架可提高 5% 左右，设计中为提高侧向刚度主要设置伸臂桁架。

11.2.2 受力分析

图 11.2-3a，当框-撑体系受到水平荷载时，连接外框柱与核心构架的钢梁跨度大、截面小、抗弯刚度弱，变形大，而核心构架刚度大，产生倾斜转动。（图 11.2-3）。核心构架几乎承担全部倾覆力矩。

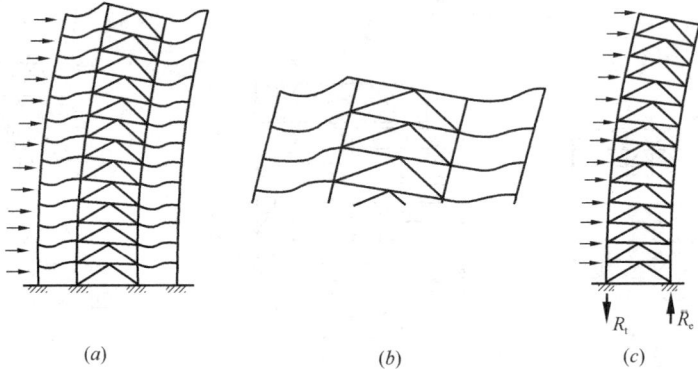

图 11.2-3 框-体系受力分析
(a) 框-撑体系；(b) 变形分析；(c) 核心构架

图 11.2-4a，核心构架单独承担水平荷载，图 11.2-4b，伸臂桁架是外框柱参与整体变形，抵抗水平荷载，外框柱左侧受拉、右侧受压。一侧受拉、一侧受压形成与倾覆力矩相反的弯矩，可看成伸臂桁架作用有反向弯矩 M（图 11.2-4c）。反向弯矩产生有两个有利作用：（1）减少内筒所承担的倾覆弯矩；（2）减

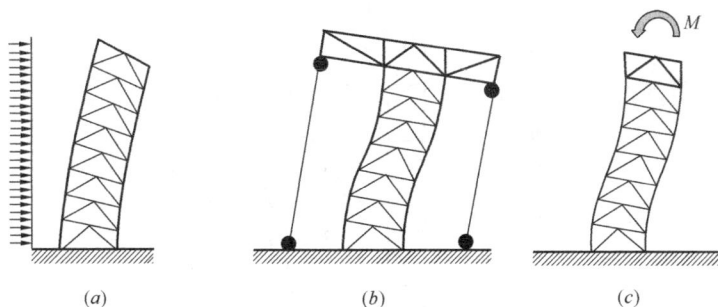

图 11.2-4 伸臂桁架受力分析

(a) 核心构架；(b) 伸臂桁架作用；(c) 等效弯矩

小结构的水平侧移。

1. 减少内筒所承担的倾覆弯矩

图 11.2-5a，框-撑体系中核心构架承担倾覆弯矩，弯矩图是抛物线分布。图 11.2-5b，顶部设置伸臂桁架后核心构架顶部承受反向弯矩 M_1，使核心构架承受的倾覆弯矩减少，中间部位产生反弯点。图 11.2-5c，顶部和中部设置伸臂桁架，中部伸臂桁架处弯矩突变，变化量为 M_2。

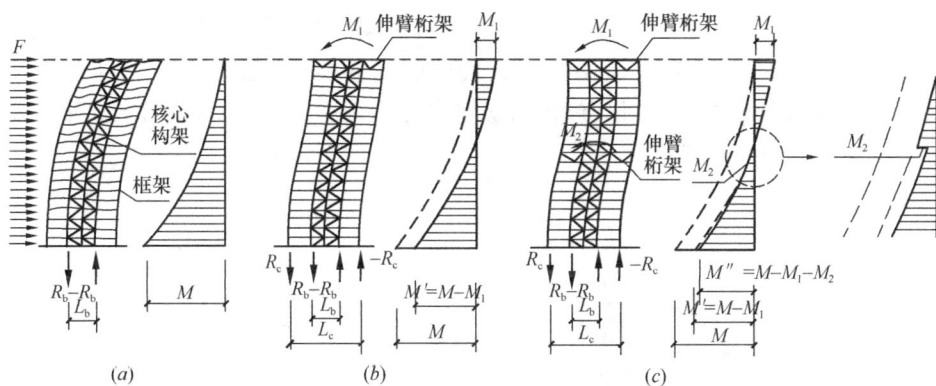

图 11.2-5 倾覆弯矩分布图

(a) 框-撑体系；(b) 顶部设置伸臂桁架；(c) 顶部和中部设置伸臂桁架

2. 减小结构的水平侧移

图 11.2-6，对比无伸臂桁架和有伸臂桁架结构的位移可知，伸臂桁架减小了结构的水平位移，增大了结构刚度。

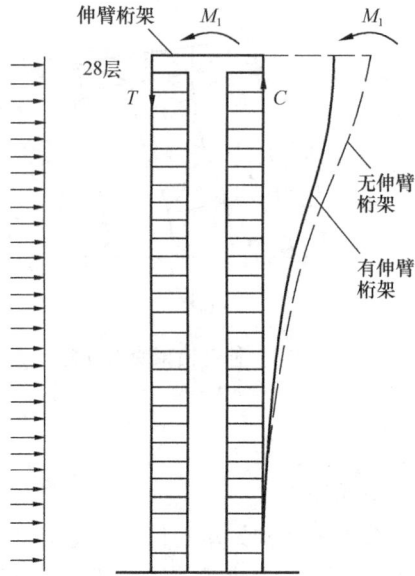

图 11.2-6　位移对比

11.2.3　层刚度突变

图 11.2-7，结构第 17 层、42 层布置伸臂桁架，对应位置处的水平位移几乎不增加（图中虚线部分），说明这两处楼层的刚度很大。图 11.2-8，结构第 23 层、43 层布置伸臂桁架，对应位置的层间位移明显小于上、下楼层的层间位移，说明水平加强层的刚度较大。

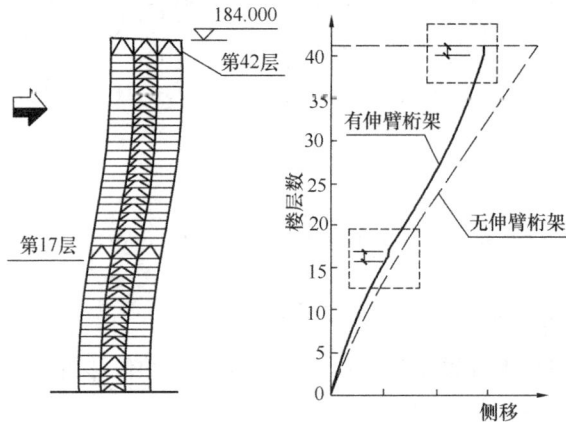

图 11.2-7　水平位移

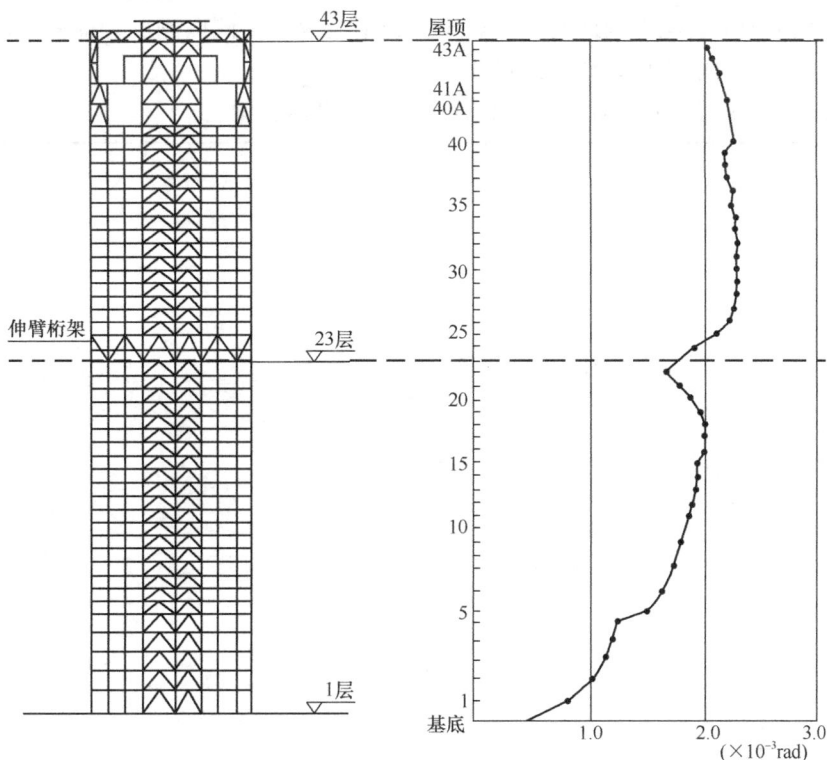

图 11.2-8 层间位移

《高层民用建筑钢结构技术规程》规定：

表 3.3.2-2 竖向不规则的主要类型

不规则类型	定义和参考指标
侧向刚度不规则	该层的侧向刚度小于相邻上一层的 70%，或小于其相邻三个楼层侧向刚度平均值的 80%。

由于设置加强层的层间侧移小、刚度大，可能导致侧向刚度不规则，因此对于设置加强层的条件和应用范围应予以控制。《规程》规定：

7.7.1 2 抗震设计结构中设置加强层时，宜采用延性较好、刚度及数量适宜的伸臂桁架及（或）腰桁架，避免加强层范围产生过大的层刚度突变。

7.7.1 条文说明 由于伸臂桁架形成的加强层造成结构竖向刚度不均匀，使墙、柱形成薄弱层，因此对于抗震设计的结构为提高侧向刚度，优先采用其他措施，尽可能不设置或少设置伸臂桁架。

7.7.1　**4**　9度抗震设防时不宜使用伸臂桁架及腰桁架。

第 12 章 连 接 设 计

12.1 钢 框 架 的 连 接

《高层民用建筑钢结构技术规程》规定：

8.1.1 条文说明 钢框架的连接主要包括：①梁与柱的连接、②支撑与框架的连接、③柱脚的连接以及④构件拼接。（图 12.1-1）。

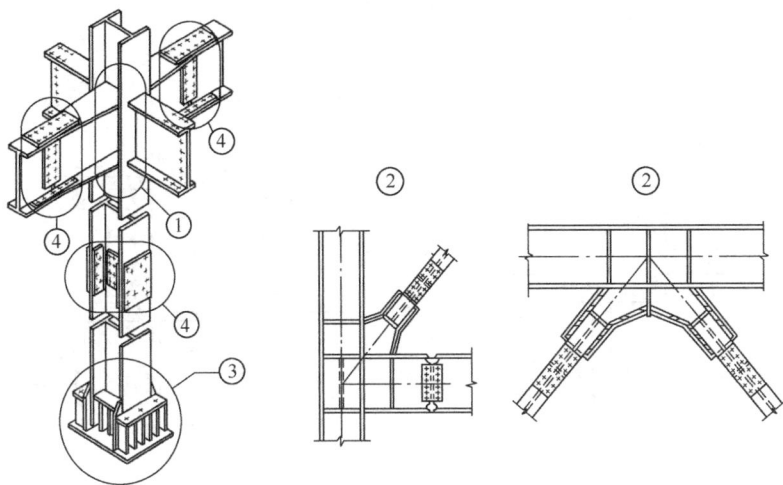

图 12.1-1 连接示意

12.2 梁 与 柱 的 连 接

图 12.2-1，梁与柱的连接可分为柱贯通型和梁贯通型两类，一般情况下，框架的梁柱节点宜采用柱贯通型。图 12.2-2，当梁前后、左右两个方向与柱连接时，宜采用箱形截面柱。《高层民用建筑钢结构技术规程》规定：

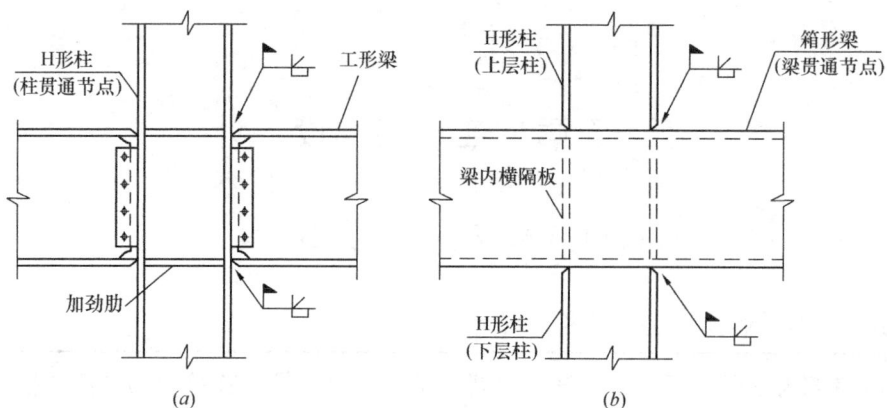

图 12.2-1 梁柱连接类型

（a）柱贯通型；（b）梁贯通型

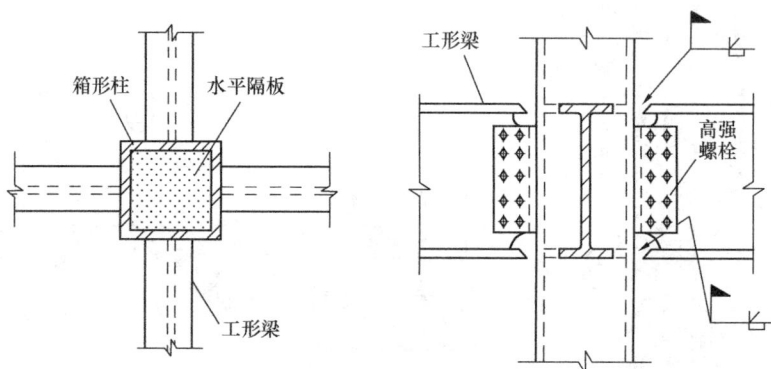

图 12.2-2 梁双向刚接时采用箱形柱

8.3.1 框架梁与柱的连接宜采用柱贯通型。在互相垂直的两个方向都与梁刚性连接时，宜采用箱形柱。

12.2.1 工形截面柱与梁的连接

1. 强轴方向刚性连接

图 12.2-3，当工形柱强轴方向刚性连接时应设置加劲肋承受梁翼缘传来的集中力，考虑到公差因素，加劲肋厚度应比梁翼缘板厚。《高层民用建筑钢结构技术规程》规定：

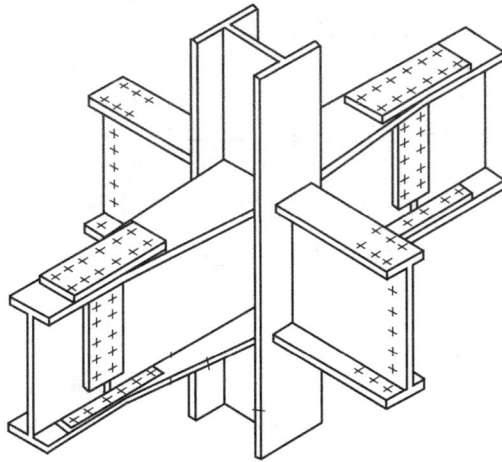

图 12.2-3　工形截面柱与梁的连接

8.3.6　框架梁与柱刚性连接时，应在梁翼缘的对应位置设置水平加劲肋（隔板）。

对抗震设计的结构，水平加劲肋（隔板）厚度不得小于梁翼缘厚度加2mm，其钢材强度不得低于梁翼缘的钢材强度，其外侧应与梁翼缘外侧对齐（图8.3.6）。

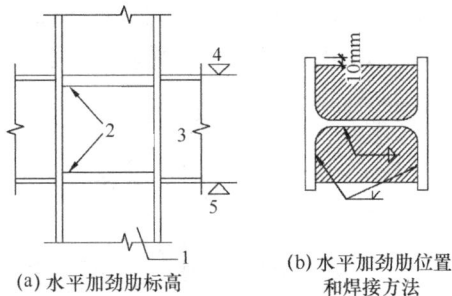

(a) 水平加劲肋标高　　(b) 水平加劲肋位置和焊接方法

图 8.3.6　柱水平加劲肋与梁翼缘外侧对齐
1—柱；2—水平加劲肋；3—梁；
4—强轴方向梁上端；5—强轴方向梁下端

对非抗震设计的结构，水平加劲肋（隔板）应能传递梁翼缘的集中力，厚度应由计算确定；当内力较小时，其厚度不得小于梁翼缘厚度的1/2，并应符合板件宽厚比限值。水平加劲肋宽度应从柱边缘后退10mm。

2. 弱轴方向刚性连接

图 12.2-3，当工形柱弱轴与梁刚性连接时，为了有利于传力，加劲肋应做成

楔形。《规程》规定：

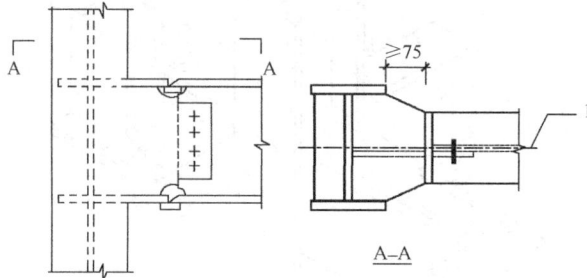

图 8.3.5　梁与 H 形柱弱轴刚性连接
1—梁柱轴线

8.3.5　梁与 H 形柱（绕弱轴）刚性连接时，加劲肋应伸至柱翼缘以外
75mm，并以变宽度形式伸至梁翼缘，与后者用全熔透对接焊缝连接。

加劲肋应两面设置（无梁外侧加劲肋厚度不应小于梁翼缘厚度之半）。翼
缘加劲肋应大于梁翼缘厚度，以协调翼缘的允许偏差。

梁腹板与柱连接板用高强螺栓连接。

12.2.2　箱形截面柱与梁的连接

图 12.2-4，箱形截面柱与梁的连接与工形截面柱类似，也需要设置水平加劲
肋。水平加劲肋有两种类型，图 12.2-5a 是内隔板形式，柱贯通形式，图 12.2-

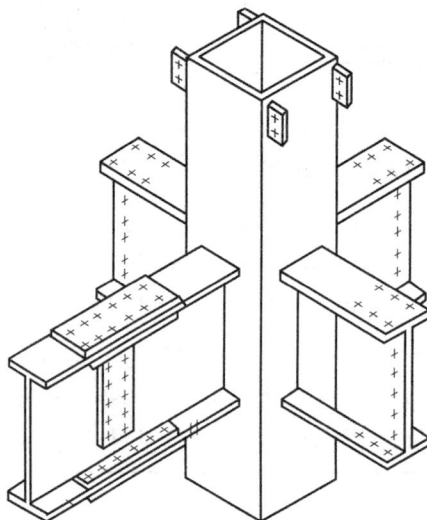

图 12.2-4　箱形截面柱与梁的连接

5b 是贯通式隔板，柱在隔板处断开。

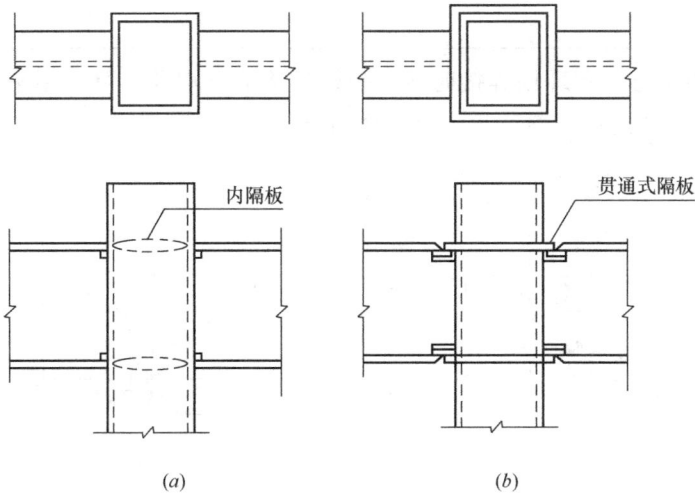

图 12.2-5　箱形截面加劲肋形式
(a) 内隔板；(b) 贯通式隔板

《高层民用建筑钢结构技术规程》规定：

8.3.2　冷成型箱形柱应在梁对应位置设置隔板，并应采用隔板贯通式连接。柱段与隔板的连接应采用全熔透对接焊缝（图 8.3.2）。

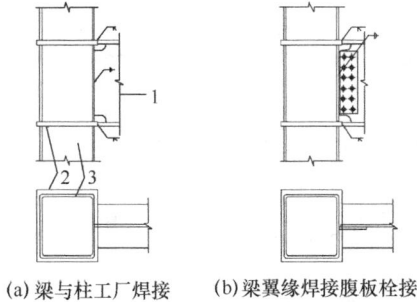

(a) 梁与柱工厂焊接　　(b) 梁翼缘焊接腹板栓接

图 8.3.2　框架梁与冷成型箱形柱隔板的连接
1—H 形钢梁；2—横隔板；3—箱形柱

12.2.3　连接构造

1. 过焊孔

一次现场焊接导致钢板温度先升高再降低，钢板经过冷热变化后力学性能有所降低，梁柱翼缘焊接的交点处钢板经历多次冷热变化，力学性能降低较多，节点处钢板性能降低的这个小范围称为热影响区。为了避免热影响区的钢板性能降低，须设置过焊孔。《规程》规定了常规型和改进型两种过焊孔的尺寸。

8.3.3 当梁与柱在现场焊接时，梁与柱连接的过焊孔，可采用常规型（图 8.3.3-1）和改进型（图 8.3.3-2）两种形式

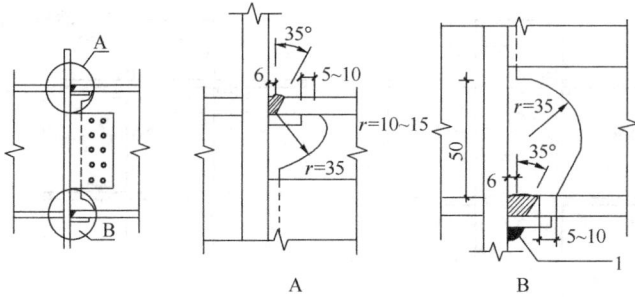

图 8.3.3-1 常规型过焊孔

$1—h_w≈5$ 长度等于翼缘总宽度

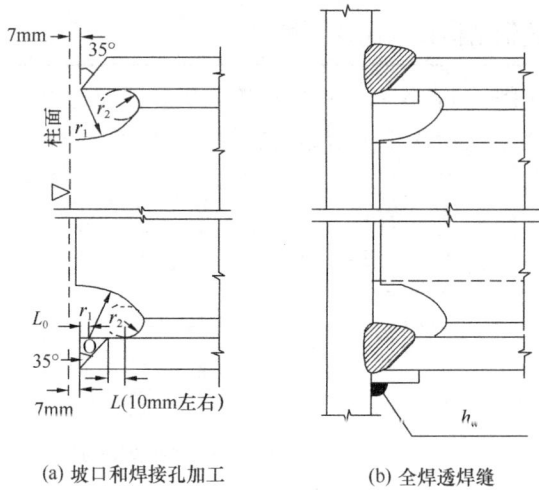

(a) 坡口和焊接孔加工 (b) 全焊透焊缝

图 8.3.3-2 改进型过焊孔

$r_1＝35mm$ 左右；$r_2＝10mm$ 以上；

O 点位置：$t_f＜22mm$；L_0（mm）＝0

$t_f≥22mm$；L_0（nm）＝$0.75t_f-15$，t_f 为下翼缘板厚

$h_w≈5$ 长度等于翼缘总宽度

2. 焊接要求

《规程》对梁翼缘、腹板与柱的焊接做出规定：

8.3.3 梁翼缘与柱翼缘间应采用<u>全熔透坡口焊缝</u>。

梁腹板（连接板）与柱的连接焊缝，当板厚小于 16mm 时可采用<u>双面角焊缝</u>，焊缝的有效截面高度符合受力要求，且不得小于 5mm。

设防烈度 7 度（0.15g）及以上时，梁腹板与柱的连接焊缝应采用<u>围焊</u>，围焊在竖向部分的长度 l 应大于 400mm 且连续施焊（图 8.3.3-3）

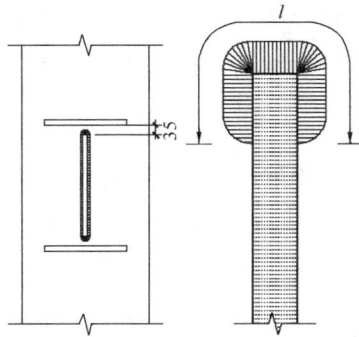

图 8.3.3-3 围焊的施焊要求

12.2.4 梁端受弯承载力

1. 弹性受弯承载力

图 12.2-6a，工形截面柱与梁节点无加劲肋，柱腹板处应力集中，且梁翼缘与柱腹板对应位置处的应力集中现象明显。图 12.2-6b，梁柱节点设置加劲肋，加劲肋传递梁端荷载，柱腹板不会产生应力集中，梁翼缘应力集中现象大大缓和，这样的应力状态近似认为均匀，可用平截面假定计算承载力。根据图 12.2-6b 的应力状态可以得到弹性状态受弯承载力公式：

$$M_j = W_e^j \cdot f$$

式中　M_j——梁与柱连接的受弯承载力（N·mm）；

　　　W_e^j——连接的有效截面模量（mm³）；

　　　f——梁的抗弯强度设计值（N/mm²）。

图 12.2-7a，无内隔板的箱形截面柱与梁节点，梁端翼缘应力在两端集中。图 12.2-7b 设置内隔板，梁端翼缘应力集中现象得到缓解，可按平截面假定计算梁端弯矩。弹性状态的梁端受弯承载力公式为：

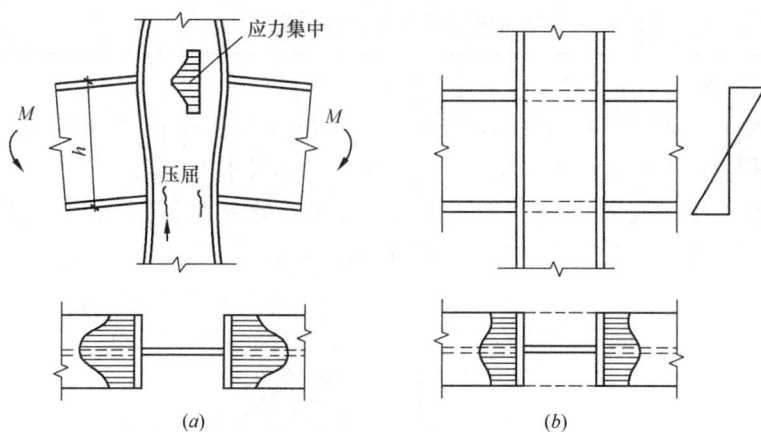

图 12.2-6 应力分布对比

(a) 无加劲肋；(b) 有加劲肋

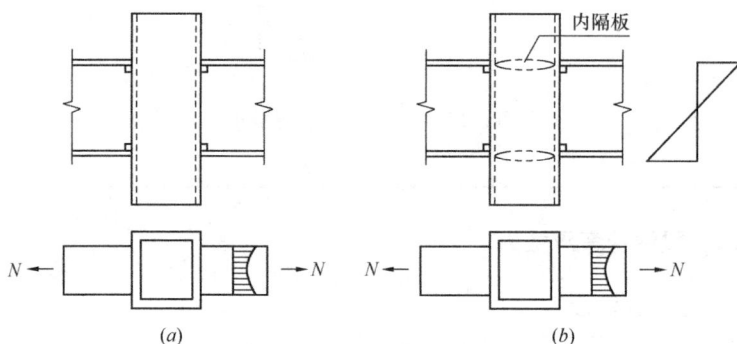

图 12.2-7 应力分布对比

(a) 无内隔板；(b) 有内隔板

$$M_j = W_e^j \cdot f$$

$$W_e^j = \frac{2}{h_b} \left\{ I_e - \frac{1}{12} t_{wb} (h_{0b} - 2h_m)^3 \right\}$$

式中　M_j ——梁与柱连接的受弯承载力（N·mm）；

　　　W_e^j ——连接的有效截面模量（mm³）；

　　　f ——梁的抗弯强度设计值（N/mm²）。

《规程》对梁与工形截面柱、箱形截面柱连接的受弯承载力做出规定：

8.2.2 梁与柱的连接的受弯承载力应按下列公式计算：

$$M_j = W_e^j \cdot f \qquad (8.2.2\text{-}1)$$

梁与 H 形柱（绕强轴）连接时

$$W_e^j = 2I_e / h_b \qquad (8.2.2\text{-}2)$$

梁与箱形柱连接时

$$W_e^j = \frac{2}{h_b} \left\{ I_e - \frac{1}{12} t_{wb} \, (h_{0b} - 2h_m)^3 \right\} \qquad (8.2.2\text{-}3)$$

式中　M_j——梁与柱连接的受弯承载力（N·mm）；

　　　W_e^j——连接的有效截面模量（mm³）；

　　　I_e——扣除过焊孔的梁端有效截面惯性矩（mm⁴）；当梁腹板用高强度螺栓连接时，为扣除螺栓孔和梁翼缘与连接板之间间隙后的截面惯性矩；

　h_b、h_{0b}——分别为梁截面和梁腹板的高度（mm）；

　　　t_{wb}——梁腹板的厚度（mm）；

　　　f——梁的抗拉、抗压和抗弯强度设计值（N/mm²）；

　　　h_m——梁腹板的有效受弯高度（mm），应按本规程第 8.2.3 条的规定计算。

2. 极限受弯承载力

图 12.2-8a 工形截面柱强轴与梁连接，当梁端截面处于弹性状态时应力是三角形分布（图 12.2-8b），当截面处于极限状态时腹板应力达到屈服应力 f_y，翼缘应力达到抗拉强度最小值 f_u（图 12.2-8c）。

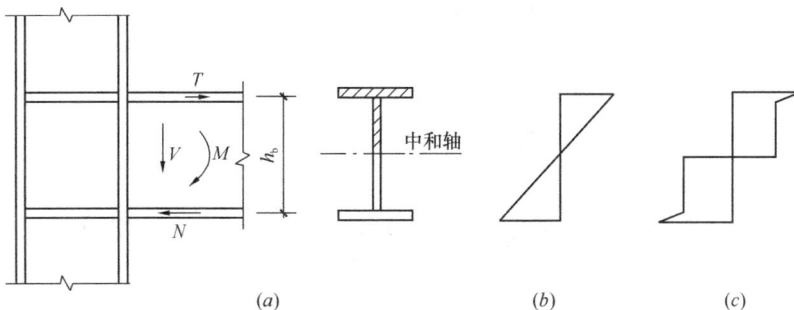

（*a*）　　　　　　　　　（*b*）　　　　　　　　　（*c*）

图 12.2-8　梁端应力分布

（*a*）梁柱节点；（*b*）弹性状态；（*c*）极限状态

图 12.2-9a，全截面进入塑性时的极限受弯承载力 M_u 由梁翼缘连接的极限受弯承载力 M_{uf}（图 12.2-9b）与梁腹板连接的极限受弯承载力 M_{uw}（图 12.2-9c）两部分组成。

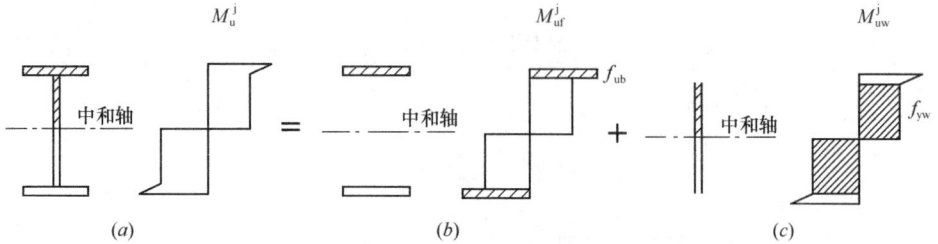

图 12.2-9　极限受弯承载力计算

(a) 极限受弯承载力；(b) 梁翼缘连接的极限受弯承载力；

(c) 梁腹板连接的极限受弯承载力

图 12.2-10，梁翼缘连接的极限受弯承载力 M_{uf}^j 由上、下翼缘的合力 $A_f f_{ub}$ 组成，力臂 $h_b - t_{fb}$，公式为：

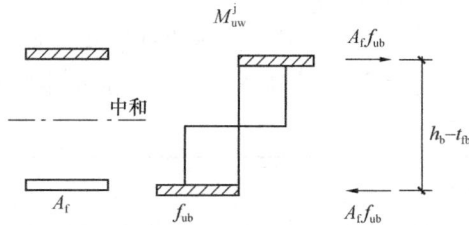

图 12.2-10　梁翼缘连接的极限受弯承载力

$$M_{uf}^j = A_f (h_b - t_{fb}) f_{ub} \qquad (12.2-1)$$

式中　A_f——梁翼缘截面面积；

　　　h_b——梁截面高度；

　　　t_{fb}——梁翼缘厚度；

　　　f_{ub}——翼缘钢材抗拉强度最小值。

图 12.2-11a，计算梁腹板连接的极限受弯承载力 M_{uw} 时应考虑过焊孔高度 S_r 的影响，腹板实际受弯截面高度为 $h_b - 2t_{fb} - 2S_r$，达到屈服应力 f_{yw}，弯矩为：

$$M_{uw}^j = m \cdot W_{wpe} \cdot f_{yw} \qquad (12.2-2)$$

$$W_{wpe} = \frac{1}{4} (h_b - 2t_{fb} - 2S_r)^2 t_{wb}$$

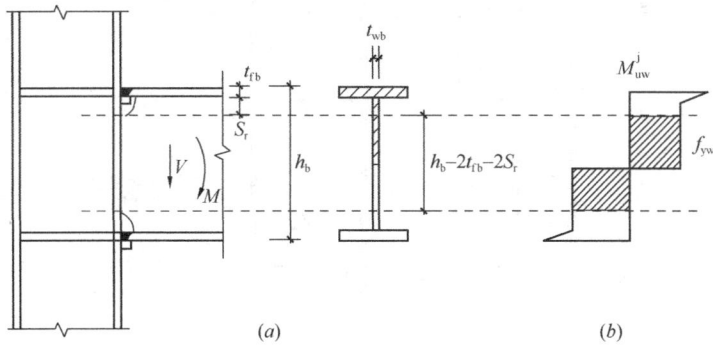

图 12.2-11　梁腹板连接的极限受弯承载力

（a）截面参数；（b）应力分布

式中　W_{wpe} ——梁腹板有效截面的塑性截面模量；

　　　f_{yw} ——梁腹板钢材的屈服强度；

　　　h_b ——梁截面高度；

　t_{fb}、t_{wb} ——分别为梁翼缘和梁腹板的厚度；

　　　m ——梁腹板连接的受弯承载力系数，H 形柱（绕强轴）$m = 1$。

图 12.2-12 箱形截面柱与梁连接，1-1 截面表明柱上、下壁板与梁腹板不在同一直线上，这种传力形式与工形截面柱与梁连接的传力形式不同。

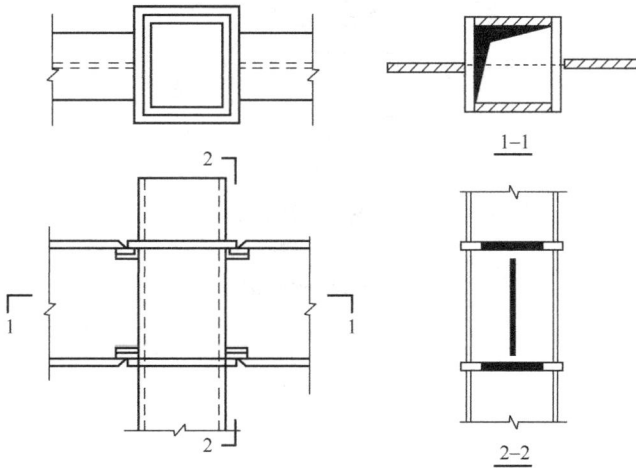

图 12.2-12　箱形截面柱与梁连接

图 12.2-13a，梁腹板通过柱正面壁板传力给左、右两侧壁板，导致壁板产生屈服线 a，根据屈服线 a 得到梁腹板的有效受弯高度 h_m 和梁腹板的屈服区 b。《规程》明确了上述参数的计算方法：

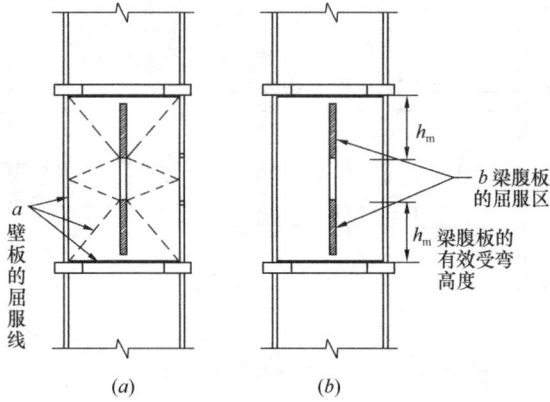

图 12.2-13　《规程》图 8.2.3a
(a) 屈服线；(b) 梁腹板有效受弯高度

8.2.3 梁腹板的有效受弯高度 h_m 应按下列公式计算（图 8.2.3）：

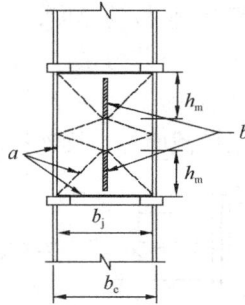

(a) 箱形柱

图 8.2.3　工字形梁与箱形柱的符号说明
a—壁板的屈服线；
b—梁腹板的屈服区

箱形柱时

$$h_m = \frac{b_j}{\sqrt{\dfrac{b_j t_{wb} f_{yb}}{t_{fc}^2 f_{yc}} - 4}}$$

(8.2.3-2)

式中　b_j ——箱形柱壁板屈服区宽度（mm），$b_j = b_c - 2t_{fc}$；

　　　t_{fc} ——箱形柱壁板厚度（mm）；

　　　t_{wb} ——梁腹板厚度（mm）；

　　　f_{yb} ——梁钢材的屈服强度（N/mm²）；

　　　f_{yc} ——柱钢材屈服强度（N/mm²）。

当箱形柱 $h_m < S_r$ 时，取 $h_m = S_r$ (8.2.3-4)

当箱形柱 $h_m > \dfrac{d_j}{2}$ 或 $\dfrac{b_j t_{wb} f_{yb}}{t_{fc}^2 f_{yc}} \leqslant 4$ 时，取 $h_m = \dfrac{d_j}{2}$ (8.2.3-5)

式中 d_j——箱形柱壁板上下加劲肋内侧之间的距离（mm）；

       S_r——梁腹板过焊孔高度，高强螺栓连接时为剪力板与梁翼缘间间隙的距离（mm）。

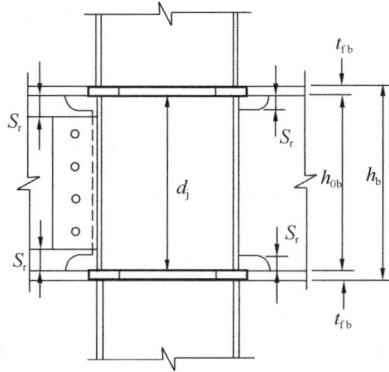

图 8.2.4 梁柱连接

箱形截面柱与梁连接的极限受弯承载力 M_u^j 也可分解梁翼缘连接的极限受弯承载力 M_{uf}^j 和梁腹板连接的极限受弯承载力 M_{uw}^j 两部分。

梁端连接的极限受弯承载力

$$M_u^j = M_{uf}^j + M_{uw}^j$$

梁翼缘连接的极限受弯承载力

$$M_{uf}^j = A_f (h_b - t_{fb}) f_{ub}$$

梁腹板连接的极限受弯承载力

$$M_{uw}^j = m \cdot W_{wpe} \cdot f_{yw}$$

$$W_{wpe} = \frac{1}{4} (h_b - 2t_{fb} - 2S_r)^2 t_{wb}$$

$$m = \min \left\{ 1, 4 \frac{t_{fc}}{d_j} \sqrt{\frac{b_j \cdot f_{yc}}{t_{wb} \cdot f_{yw}}} \right\}$$

上述公式的形式与工形截面柱强轴与梁连接的极限受弯承载力计算公式相同，但参数 m 有区别。

综合上述两种情况，《高层民用建筑钢结构技术规程》规定：

8.2.4 抗震设计时，梁与柱连接的极限受弯承载力应按下列规定计算（图 8.2.4）：

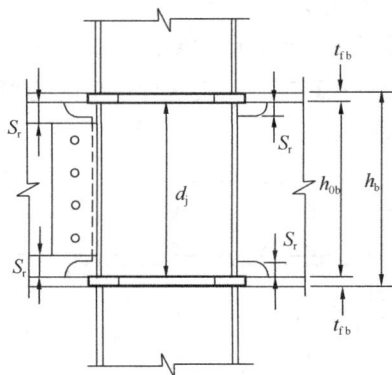

图 8.2.4 梁柱连接

1 梁端连接的极限受弯承载力

$$M_u^j = M_{uf}^j + M_{uw}^j \qquad (8.2.4\text{-}1)$$

2 梁翼缘连接的极限受弯承载力

$$M_{uf}^j = A_f (h_b - t_{fb}) f_{ub} \qquad (8.2.4\text{-}2)$$

3 梁腹板连接的极限受弯承载力

$$M_{uw}^j = m \cdot W_{wpe} \cdot f_{yw} \qquad (8.2.4\text{-}3)$$

$$W_{wpe} = \frac{1}{4} (h_b - 2t_{fb} - 2S_r)^2 t_{wb} \qquad (8.2.4\text{-}4)$$

4 梁腹板连接的受弯承载力系数 m 应按下列公式计算：

H 形柱（绕强轴） $\qquad\qquad m=1 \qquad\qquad (8.2.4\text{-}5)$

箱形柱 $\qquad m = \min\left\{1, 4\frac{t_{fc}}{d_j}\sqrt{\frac{b_j \cdot f_{yc}}{t_{wb} \cdot f_{yw}}}\right\} \qquad (8.2.4\text{-}6)$

式中 $\quad W_{wpe}$——梁腹板有效截面的塑性截面模量（mm^2）；

$\qquad\quad f_{yw}$——梁腹板钢材的屈服强度（N/mm^2）；

$\quad h_b$、h_{0b}——梁截面的高度（mm）；

$\qquad\quad S_r$——梁腹板过焊孔高度，高强螺栓连接时为剪力板与梁翼缘间间隙的距离（mm）；

$\qquad\quad d_j$——柱上下水平加劲肋（横隔板）内侧之间的距离（mm）；

$\qquad\quad b_j$——箱形柱壁板内侧的宽度，$b_j = b_c - 2t_{fc}$；

$\qquad\quad t_{fc}$——箱形柱壁板的厚度（mm）；

$\qquad\quad f_{yc}$——柱钢材屈服强度（N/mm^2）；

t_{fb}、t_{wb} ——分别为梁翼缘和梁腹板的厚度（mm）；

f_{ub} ——为梁翼缘钢材抗拉强度最小值（N/mm²）。

12.2.5 强连接弱构件

为保证结构在地震作用下的完整，要求结构所有节点的极限承载力大于构件在相应节点处的屈服承载力，使节点不先于构件破坏，构件能够充分发挥作用。为达到这个目的，须满足连接的极限承载力大于构件的全塑性承载力，保证构件产生充分的塑性变形时节点不致破坏。图12.2-14，梁柱连接有足够的承载力（M_u），使塑性铰（M_p、L_p、h_p）能够充分地发展。

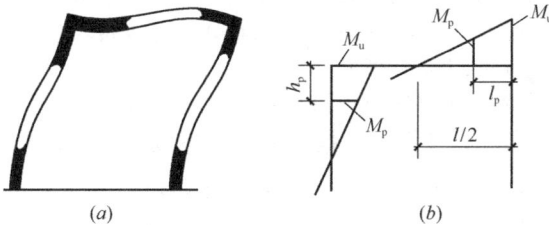

图 12.2-14　框架节点的塑性区段和全塑性弯矩

《高层民用建筑钢结构技术规程》规定：

8.1.1 连接的极限承载力应大于构件的全塑性承载力。

8.2.1 梁与柱的刚性连接应按下列公式验算：

$$M_u^j \geqslant \alpha M_p \tag{8.2.1-1}$$

$$V_u^j \geqslant \alpha(\sum M_p / l_n) + V_{Gb} \tag{8.2.1-2}$$

式中　M_u^j ——梁与柱连接的极限受弯承载力（kN·m）；

M_p ——梁的全塑性受弯承载力（kN·m）（加强型连接按未扩大的原截面计算），考虑轴力影响时按规程第8.1.5条的M_{pc}计算；

$\sum M_p$ ——梁两端截面的塑性受弯承载力之和（kN·m）；

V_u^j ——梁与柱连接的极限受剪承载力（kN）；

V_{Gb} ——梁在重力荷载代表值（9度尚应包括竖向地震作用标准值）作用下，按简支梁分析的梁端截面剪力设计值（kN）；

l_n ——梁的净跨（m）；

α ——连接系数，按本规程表8.1.3的规定采用。

8.2.1 条文说明 梁截面通常由弯矩控制，故梁的极限受剪承载力取与极限受弯承载力对应的剪力加竖向荷载产生的剪力。

8.1.3 钢框架抗侧力结构构件的连接系数 α 应按表 8.1.3 的规定采用。

表 8.1.3 钢构件连接的连接系数 α

母材牌号	梁柱连接		支撑连接、构件拼接		柱脚	
	母材破坏	高强螺栓破坏	母材或连接板破坏	高强螺栓破坏		
Q235	1.40	1.45	1.25	1.30	埋入式	1.2 (1.0)
Q345	1.35	1.40	1.20	1.25	外包式	1.2 (1.0)
Q345GJ	1.25	1.30	1.10	1.15	外露式	1.0

注：1 屈服强度高于 Q345 的钢材，按 Q345 的规定采用；

2 屈服强度高于 Q345GJ 的 GJ 钢材，按 Q345GJ 的规定采用；

3 括号内的数字用于箱形柱和圆管柱；

4 外露式柱脚是指刚接柱脚，只适用于房屋高度 50m 以下。

8.1.5 构件拼接和柱脚计算时，构件的受弯承载力应考虑轴力的影响。构件的全塑性受弯承载力 M_p 应按下列规定以 M_{pc} 代替：

1 对 H 形截面和箱形截面构件应符合下列规定：

1） H 形截面（绕强轴）和箱形截面

当 $N/N_y \leqslant 0.13$ 时　　$M_{pc} = M_p$　　　　　　(8.1.5-1)

当 $N/N_y > 0.13$ 时　　$M_{pc} = 1.15(1 - N/N_y)M_p$　　　(8.1.5-2)

2） H 形截面（绕弱轴）

当 $N/N_y \leqslant A_w/A$ 时　　$M_{pc} = M_p$　　　　　(8.1.5-3)

当 $N/N_y > A_w/A$ 时　　$M_{pc} = \left\{ 1 - \left(\dfrac{N - A_w f_y}{N_y - A_w f_y} \right)^2 \right\} M_p$　(8.1.5-4)

式中　N——构件轴力设计值（N）；

N_y——构件的轴向屈服承载力（N）；

A——H 形截面或箱形截面构件的截面面积（mm²）；

A_w——构件腹板面积（mm²）；

f_y——构件腹板钢材的屈服强度（N/mm²）。

12.2.6 构造措施和计算要求

1. 梁柱连接形式

《高层民用建筑钢结构技术规程》规定：

8.1.1 抗震设计时，连接设计应符合构造措施要求。

8.1.2 钢框架抗侧力构件的梁与柱连接应符合下列规定：

  2 梁与柱的连接宜采用翼缘焊接和腹板高强度螺栓连接的形式，也可采用全焊接连接。

图 12.2-15a 栓焊混合连接，翼缘坡口采用全熔透焊缝、腹板采用高强度螺栓连接，操作方便，先用螺栓安装定位，再翼缘施焊。图 12.2-15b 全焊接连接，通常翼缘坡口采用全熔透焊缝、腹板采用角焊缝。这种连接形式传力充分，不会滑移，可为结构提供足够的延性，但焊接部分有一定的残余应力。

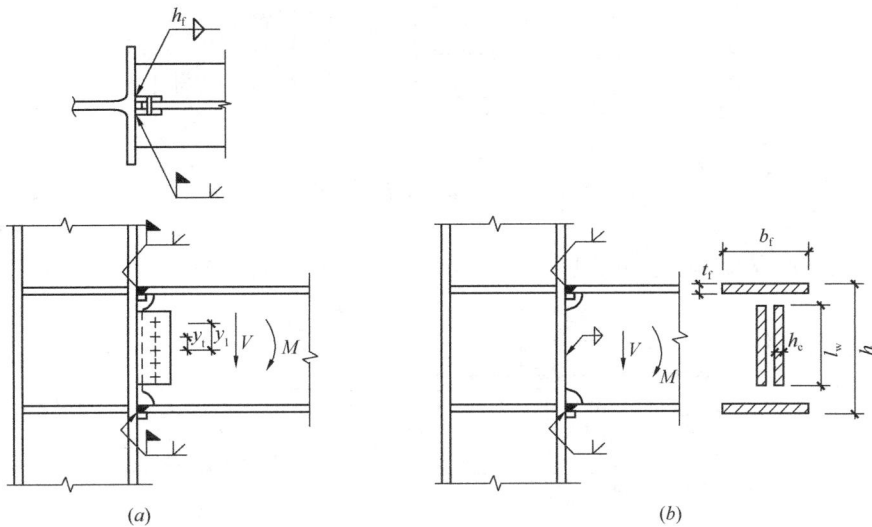

图 12.2-15　梁与柱的连接构造

(a) 翼缘焊接和腹板高强度螺栓连接；(b) 全焊接连接

2. 加强型连接或骨式连接

《高层民用建筑钢结构技术规程》规定：

8.1.2 钢框架抗侧力构件的梁与柱连接应符合下列规定：

  2 一、二级时梁与柱宜采用加强型连接或骨式连接。

8.3.4 梁与柱的加强型连接或骨式连接包括下列形式，有依据时也可采用其他形式。

  1 梁翼缘扩翼式连接（图 8.3.4-1），图中尺寸应按下列公式确定：

$$l_a = (0.50 \sim 0.75)b_f \tag{8.3.4-1}$$

$$l_b = (0.30 \sim 0.45)h_b \tag{8.3.4-2}$$

$$b_{\mathrm{wf}} = (0.15 \sim 0.25)b_{\mathrm{f}} \tag{8.3.4-3}$$

$$R = \frac{l_{\mathrm{b}}^2 + b_{\mathrm{wf}}^2}{2b_{\mathrm{wf}}} \tag{8.3.4-4}$$

式中 h_{b} ——梁的高度（mm）；

b_{f} ——梁翼缘的宽度（mm）；

R ——梁翼缘扩翼半径（mm）。

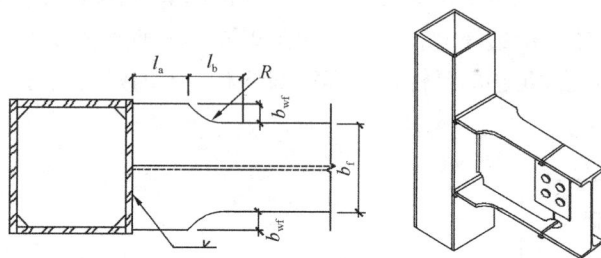

图 8.3.4-1　梁翼缘扩翼式连接

2　梁翼缘局部加宽式连接（图 8.3.4-2），图中尺寸应按下列公式确定：

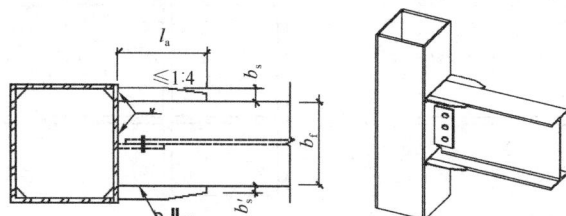

图 8.3.4-2　梁翼缘局部加宽式连接

$$l_{\mathrm{a}} = (0.50 \sim 0.75)h_{\mathrm{b}} \tag{8.3.4-5}$$

$$b_{\mathrm{s}} = (1/4 \sim 1/3)b_{\mathrm{f}} \tag{8.3.4-6}$$

$$b'_{\mathrm{s}} = 2t_{\mathrm{f}} + 6 \tag{8.3.4-7}$$

$$t_{\mathrm{s}} = t_{\mathrm{f}} \tag{8.3.4-8}$$

式中 t_{f} ——梁翼缘厚度（mm）；

t_{s} ——局部加宽板厚度（mm）。

3　梁翼缘盖板式连接（图 8.3.4-3）：

$$L_{\mathrm{cp}} = (0.50 \sim 0.75)h_{\mathrm{b}} \tag{8.3.4-9}$$

$$b_{\mathrm{cp1}} = b_{\mathrm{f}} - 3t_{\mathrm{cp}} \tag{8.3.4-10}$$

$$b_{\mathrm{cp2}} = b_{\mathrm{f}} + 3t_{\mathrm{cp}} \tag{8.3.4-11}$$

$$t_{\mathrm{cp}} \geqslant t_{\mathrm{f}} \tag{8.3.4-12}$$

式中 t_{cp} ——楔形盖板厚度（mm）。

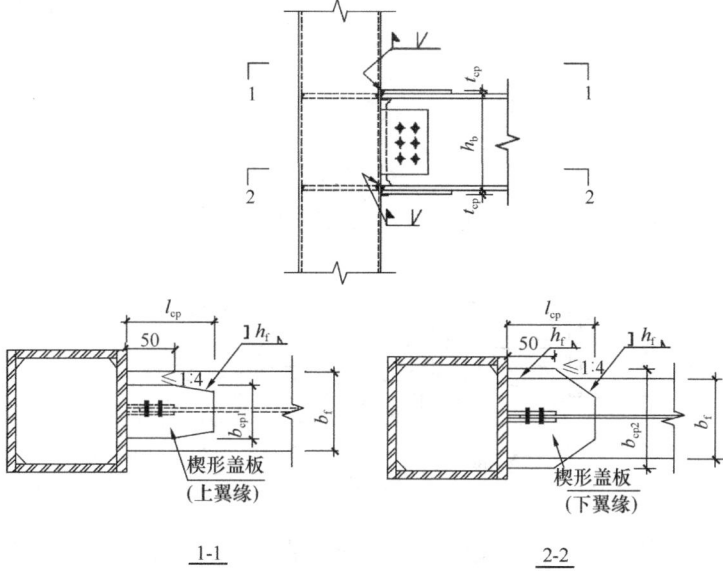

图 8.3.4-3 梁翼缘盖板式连接

4 梁翼缘板式连接（图 8.3.4-4），图中尺寸应按下列公式确定：

$$l_{tp} = (0.5 \sim 0.8)h_b \qquad (8.3.4\text{-}13)$$

$$b_{tp} = b_f + 4t_f \qquad (8.3.4\text{-}14)$$

$$t_{tp} = (1.2 \sim 1.4)t_f \qquad (8.3.4\text{-}15)$$

式中 t_{tp} ——梁翼缘板厚度（mm）。

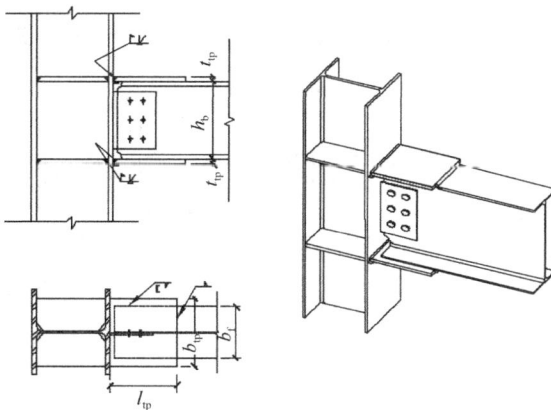

图 8.3.4-4 梁翼缘板式连接

5 梁骨式连接（图 8.3.4-5），切割面应采用铣刀加工。图中尺寸应按下列公式确定：

$$a = (0.5 \sim 0.75)b_f \qquad (8.3.4\text{-}16)$$

$$b = (0.65 \sim 0.85)h_b \qquad (8.3.4\text{-}17)$$

$$c = 0.25b_b \qquad (8.3.4\text{-}18)$$

$$R = (4c^2 + b^2)/8c \qquad (8.3.4\text{-}19)$$

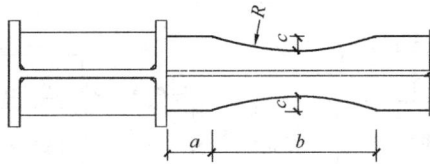

图 8.3.4-5　梁骨式连接

8.1.2 条文说明　梁端采用截面减弱型或加强型连接，目的是将塑性铰由柱面外移以减小梁柱连接的破坏。

图 12.2-16*a*，普通框架梁由外荷载产生的弯矩梁端处最大，因此梁端产生塑性铰（图 12.2-16*b*）。《规程》8.1.2 条文说明指出，应将塑性铰外移以减小连接的破坏，图 12.2-17*b* 表示塑性铰外移至 $h_p + h_b/4$ 处，图 12.2-17*a* 柱边至 $h_p + h_b/4$ 区间的外荷载弯矩 M_{pb} 大于 $h_p + h_b/4$ 处的钢梁抗弯承载力 M_{pc}，需要在梁端一定范围内减弱或加强连接改变两者的大小关系，使柱边至 $h_p + h_b/4$ 区间的外荷载弯矩 M_{pb} 小于 $h_p + h_b/4$ 处的钢梁抗弯承载力 M_{pc}。

图 12.2-18、图 12.2-19，梁盖板式连接在梁端上下翼缘增设加强板。图

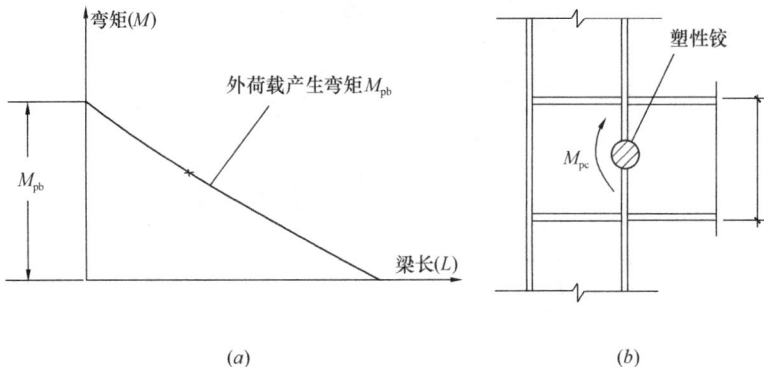

(*a*)　　　　　　　　　　　　　　　(*b*)

图 12.2-16　普通框架梁塑性铰位置

(*a*) 外荷载产生的弯矩图；(*b*) 塑性铰位置

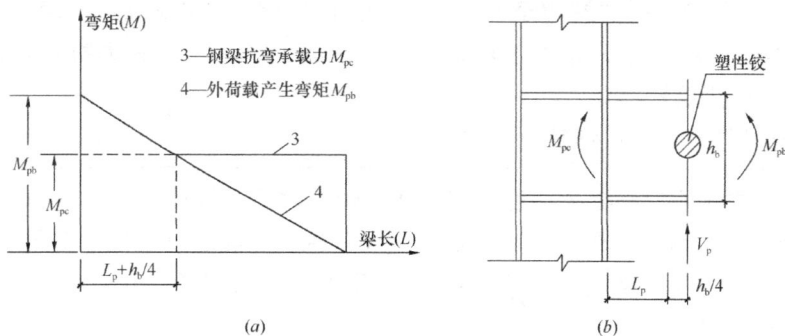

图 12.2-17 外移塑性铰

（a）弯矩比较；（b）塑性铰位置

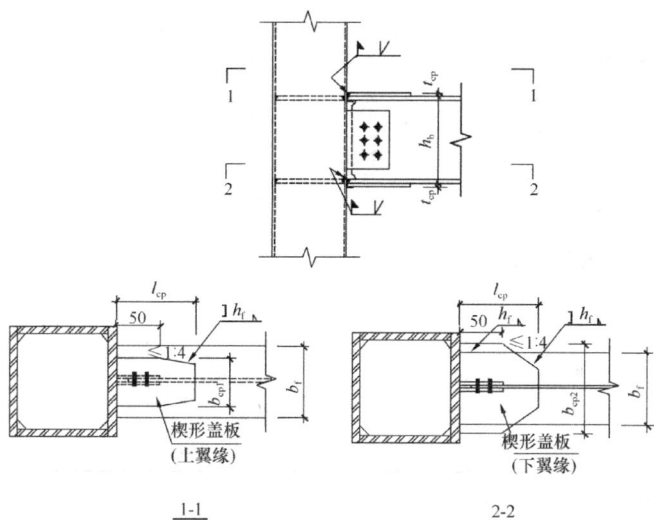

1-1　　　　　　　　2-2

图 12.2-18 梁翼缘盖板式连接

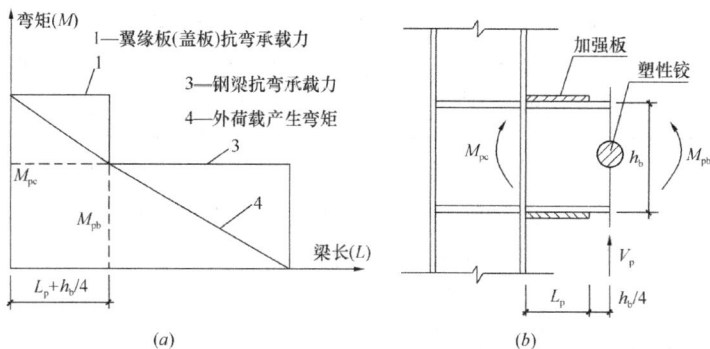

图 12.2-19 盖板式连接分析

（a）弯矩对比；（b）加强板促成塑性铰外移

12.2-19a 设置加强板的柱边至 $h_p+h_b/4$ 区间的翼缘板（盖板）抗弯承载力大于外荷载产生的弯矩，也大于钢梁的抗弯承载力。这种形式的抗弯承载力布置可促成塑性铰外移。

《高层民用建筑钢结构技术规程》指出：

8.3.4 条文说明 梁翼缘加强型节点塑性铰外移的设计原理如图 3 所示。通过在梁上下翼缘局部焊接钢板或加大截面，达到提高节点延性，在罕遇地震作用下获得在远离梁柱节点处梁截面塑性发展的设计目标。

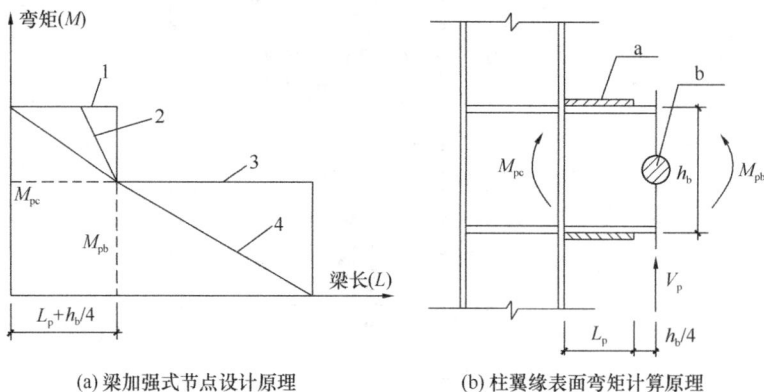

图 3
1—翼缘板（盖板）抗弯承载力；2—侧板（扩翼式）抗弯承载力；
3—钢梁抗弯承载力；4—外荷载产生弯矩；
a—加强板；b—塑性铰

3. 梁的受弯区和受剪区

《高层民用建筑钢结构技术规程》规定：

8.1.2 钢框架抗侧力构件的梁与柱连接应符合下列规定：
1 梁与 H 形柱（绕强轴）刚性连接以及梁与箱形柱刚性连接时，弯矩由梁翼缘和腹板受弯区的连接承受，剪力由腹板受剪区的连接承受。

图 12.2-20a，梁与 H 形柱（绕强轴）刚性连接时，应确定承受弯矩区和承受剪力区。图 12.2-20b，弯矩由上下翼缘及腹板有效受弯高度 h_m 范围内的螺栓承担，剪力由中间区域 b 范围内的螺栓承担，h_m 由《规程》8.2.3 条确定。

《高层民用建筑钢结构技术规程》规定：

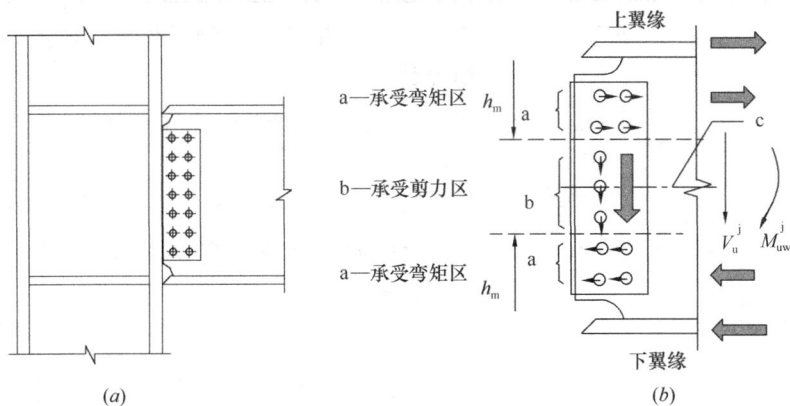

图 12.2-20　受弯区和受剪区

(a)《规程》图 8.2.5-1；(b)《规程》图 8.2.5-2

8.2.5　梁腹板与 H 形柱（绕强轴）、箱形柱的连接，应符合下列规定：

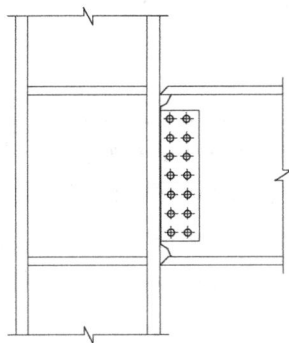

图 8.2.5-1　柱连接板与
梁腹板的螺栓连接

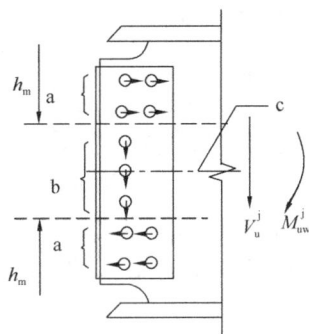

图 8.2.5-2　梁腹板与柱连接时
高强度螺栓连接的内力分担

a—承受弯矩区；b—承受剪力区；c—梁轴线

2　采用高强度螺栓连接（图 8.2.5-1），承受弯矩区和承受剪力取得螺栓数应按弯矩在受弯区引起的水平力和剪力作用在受剪区（图 8.2.5-2）分别进行计算，计算时应考虑连接的不同破坏模式取较小值。

对承受弯矩区：

$$aV_{um}^j \leqslant N_u^b = \min\{n_1 N_{vu}^b, n_1 N_{cu1}^b, N_{cu2}^b, N_{cu3}^b, N_{cu4}^b\} \quad (8.2.5-1)$$

对承受剪力区：

$$V_u^j \leqslant n_2 \cdot \min\{N_{vu}^b, N_{cu1}^b\} \quad (8.2.5-2)$$

式中　　　　　　　n_1、n_2——分别为承受弯矩区（一侧）和承受剪力区需要
　　　　　　　　　　　　的螺栓数；

　　　　　　　　V_{um}^j——为弯矩 M_{um}^j 引起的承受弯矩区的水平剪力
　　　　　　　　　　　　（kN）；

　　　　　　　　　α——连接系数，按本规程表8.1.3的规定采用；

N_{vu}^b, N_{cu1}^b, N_{cu2}^b, N_{cu3}^b, N_{cu4}^b——按本规程附录 F 中的第 F.1.1 条、第 F.1.4 条
　　　　　　　　　　　　的规定计算。

12.3　柱　　脚

《高层民用建筑钢结构技术规程》指出：

8.1.1 条文说明　钢框架的连接主要包括：柱脚的连接。

12.3.1　钢柱柱脚类型

《高层民用建筑钢结构技术规程》指出：

8.6.1　钢柱柱脚包括外露式柱脚、外包式柱脚和埋入式柱脚三类（图8.6.1-1）。抗震设计时，宜优先采用埋入式；外包式柱脚可在有地下室的高层民用建筑中采用。各类柱脚均应进行受压、受弯、受剪承载力计算，其轴力、弯矩、剪力的设计值取钢柱底部的相应设计值。各类柱脚构造应分别符合下列规定：

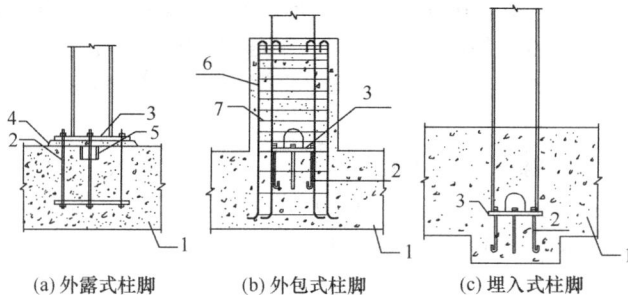

(a) 外露式柱脚　　　(b) 外包式柱脚　　　(c) 埋入式柱脚

图 8.6.1-1　柱脚的不同形式

1—基础；2—锚栓；3—底板；4—无收缩砂浆；

5—抗剪键；6—主筋；7—箍筋

12.3.2 一般规定

1. 柱脚底板下混凝土局部承压的验算

三种类型的柱脚底部均应验算混凝土局部承压，《高层民用建筑钢结构技术规程》规定：

> **8.6.2** 外露式柱脚的设计应符合下列规定：
>
> **1** 钢柱轴力由底板直接传至混凝土基础，按现行国家标准《混凝土结构设计规范》GB 50010 验算柱脚底板下混凝土的局部承压，承压面积为底板面积。
>
> **8.6.3** 外包式柱脚的设计应符合下列规定：
>
> **1** 柱脚轴向压力由钢柱底板直接传给基础，按现行国家标准《混凝土结构设计规范》GB 50010 验算柱脚底板下混凝土的局部承压，承压面积为底板面积。
>
> **8.6.4** 埋入式柱脚的设计应符合下列规定：
>
> **1** 柱脚轴向压力由柱脚底板直接传给基础，应按现行国家标准《混凝土结构设计规范》GB 50010 验算柱脚底板下混凝土的局部承压，承压面积为底板面积。

2. 锚栓设计

（1）构造要求

三类钢柱柱脚的底板应设置锚栓，按抗弯设计，《高层民用建筑钢结构技术规程》规定：

> **8.6.1** **4** 钢柱柱脚的底板均应布置锚栓按抗弯连接设计（图 8.6.1-3），锚栓埋入长度不应小于其直径的 25 倍，锚栓底部应设锚板或弯钩，锚板厚度宜大于 1.3 倍锚栓直径。应保证锚栓四周及底部的混凝土有足够厚度，避免基础冲切破坏；锚栓应按混凝土基础要求设置保护层。
>
> 图 8.6.1-3　抗弯连接钢柱底板形状和锚栓的配置

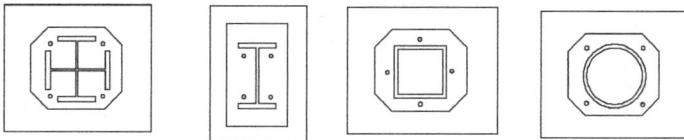

（2）计算规定和限值

《高层民用建筑钢结构技术规程》规定了外露式柱脚底板锚栓面积的计算公式：

8.6.1 1 钢柱外露式柱脚应通过底板锚栓固定于混凝土基础上（图8.6.1-1a）。

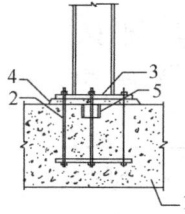

(a) 外露式柱脚

图 8.6.1-1　柱脚的不同形式
1—基础；2—锚栓；3—底板；
4—无收缩砂浆；5—剪力键

8.6.2 外露式柱脚的设计应符合下列规定：

2 在轴力和弯矩作用下计算所需锚栓面积，应按下式验算：

$$M \leqslant M_1 \tag{8.6.2-1}$$

式中　M——柱脚弯矩设计值（kN·m）；

　　　M_1——在轴力与弯矩作用下按钢筋混凝土压弯构件截面设计方法计算的柱脚受弯承载力（kN·m）。

设截面为底板面积，由受拉边的锚栓单独承受拉力，混凝土基础单独承受压力，受压边的锚栓不参加工作，锚栓和混凝土的强度均取设计值。

锚栓面积计算模型的规定可通过图12.3-1说明，截面面积取底板面积，应力分布按压弯构件考虑，仅计入受拉边锚栓的拉力，压力由混凝土单独承担。

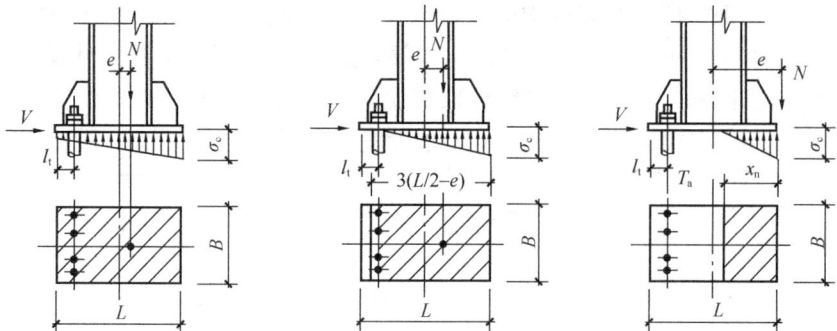

图 12.3-1　锚栓面积计算模型

按公式计算出锚栓面积后，还应符合限值要求。高层民用建筑钢柱采用刚接，柱脚变形不能过大，因此通过提高锚栓面积限制柱脚变形。《高层民用建筑钢结构技术规程》规定：

8.6.1 1 钢柱外露式柱脚应通过底板锚栓固定于混凝土基础上（图 8.6.1-1a），高层民用建筑的钢柱应采用刚接柱脚。三级及以上抗震等级时，锚栓截面面积不宜小于钢柱下端截面面积的 20%。

外包式柱脚和埋入式柱脚的锚栓面积计算采用外露式柱脚的计算方法。《高层民用建筑钢结构技术规程》规定：

8.6.2 条文说明 外露式柱脚应用于各种柱脚中，外包式柱脚和埋入式柱脚中钢柱部分与基础的连接，都应按抗弯要求设计。

8.6.1 2 钢柱外包式柱脚由钢柱脚和外包混凝土组成，位于混凝土基础顶面以上（图 8.6.1-1b），钢柱脚与基础的连接应采用抗弯连接。

8.6.2 条文说明 埋入式柱脚中钢柱部分与基础的连接，应按抗弯要求设计。

3. 强连接弱构件

根据强连接弱构件的设计思想，抗震设计时连接的极限承载力 M_u 应大于构件的全塑性承载力 M_{pc}：

$$M_u \geqslant \alpha M_{pc}$$

由《规程》表 8.1.3 可知，埋入式、外包式、外露式的连接系数 α 取值。

表 8.1.3　钢构件连接的连接系数 α

母材牌号	柱脚	
Q235	埋入式	1.2（1.0）
Q345	外包式	1.2（1.0）
Q345GJ	外露式	1.0

注：3　括号内的数值用于箱形柱和圆管柱；

《规程》将上述设计思想体现在外露式、外包式、埋入式柱脚的条文中，在可能出现塑性铰的位置（图 12.3-2 虚框处），极限受弯承载力应大于钢柱的全塑

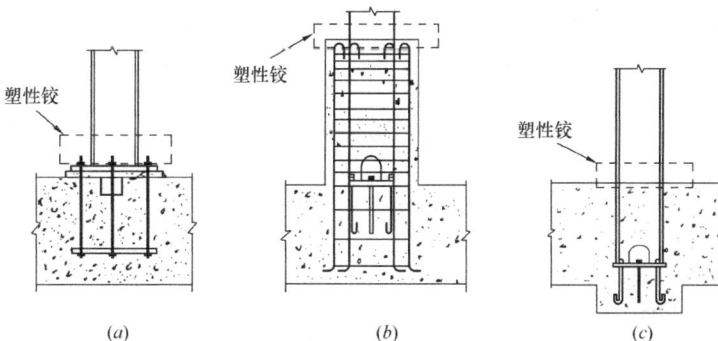

图 12.3-2　可能出现塑性铰的位置

(a) 外露式；(b) 外包式；(c) 埋入式

性抗弯承载力。

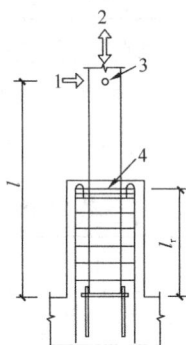
12.3.3　外露式柱脚

1. 钢柱底部的剪力传递

图12.3-3，外露式钢柱柱脚底部的剪力可由摩擦力、抗剪键、锚栓承担，三

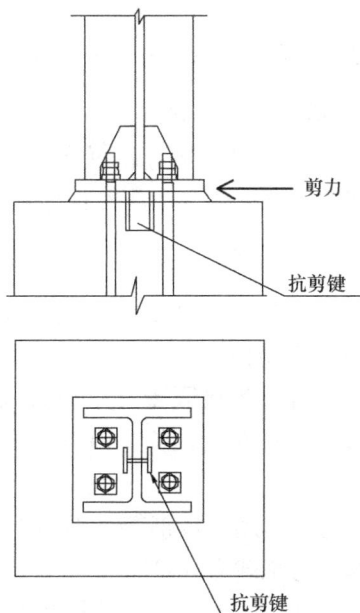

图 12.3-3 抗剪键示意

者之间的关系由《规程》规定：

8.6.2 外露式柱脚的设计应符合下列规定：

4 钢柱底部的剪力可由底板与混凝土之间的摩擦力传递，摩擦系数 0.4；

当剪力大于底板下的摩擦力时，应设置抗剪键，由抗剪键承受全部剪力；

也可由锚栓抵抗全部剪力，当锚栓同时受拉、受剪时，单根锚栓的承载力应按下式计算：

$$\left(\frac{N_{\mathrm{t}}}{N_{\mathrm{t}}^{\mathrm{a}}}\right)^2 + \left(\frac{V_{\mathrm{v}}}{V_{\mathrm{v}}^{\mathrm{a}}}\right)^2 \leqslant 1 \qquad (8.6.2\text{-}3)$$

式中　N_{t} ——单根锚栓承受的拉力设计值（N）；

　　　V_{v} ——单根锚栓承受的剪力设计值（N）；

　　　$N_{\mathrm{t}}^{\mathrm{a}}$ ——单根锚栓的受拉承载力（N），取 $N_{\mathrm{t}}^{\mathrm{a}} = A_{\mathrm{e}} f_{\mathrm{t}}^{\mathrm{a}}$；

　　　$V_{\mathrm{v}}^{\mathrm{a}}$ ——单根锚栓的受剪承载力（N），$V_{\mathrm{v}}^{\mathrm{a}} = A_{\mathrm{e}} f_{\mathrm{v}}^{\mathrm{a}}$；

　　　A_{e} ——单根锚栓截面面积（mm²）；

　　　$f_{\mathrm{t}}^{\mathrm{a}}$ ——锚栓钢材的抗拉强度设计值（N/mm²）；

　　　$f_{\mathrm{v}}^{\mathrm{a}}$ ——锚栓钢材的抗剪强度设计值（N/mm²）。

2. 极限受弯承载力

《高层民用建筑钢结构技术规程》规定：

8.6.2 外露式柱脚的设计应符合下列规定：

    3 抗震设计时，在柱与柱脚连接处，柱可能出现塑性铰的柱脚极限受弯承载力应大于钢柱的全塑性抗弯承载力，应按下式验算：

$$M_u \geqslant M_{pc} \tag{8.6.2-2}$$

式中 M_{pc}——考虑轴力时柱的全塑性受弯承载力（kN·m），按本规程第8.1.5条的规定计算；

        M_u——考虑轴力时柱脚的极限受弯承载力（kN·m），按本条第2款中计算 M_1 的方法计算，但锚栓和混凝土的强度均取标准值。

    2 M_1——在轴力与弯矩作用下按钢筋混凝土压弯构件截面设计方法计算的柱脚受弯承载力（kN·m）。

    设截面为底板面积，由受拉边的锚栓单独承受拉力，混凝土基础单独承受压力，受压边的锚栓不参加工作，锚栓和混凝土的强度均取设计值。

12.3.4　外包式柱脚

1. 构造要求

《高层民用建筑钢结构技术规程》规定：

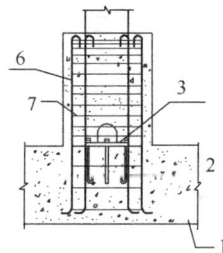

(b) 外包式柱脚

图 8.6.1-1

8.6.1 **2**　钢柱外包式柱脚由钢柱脚和外包混凝土组成，位于混凝土基础顶面以上（图8.6.1-1b），外包式柱脚可在有地下室的高层民用建筑中采用。

    图12.3-4，外包混凝土尺寸要求：

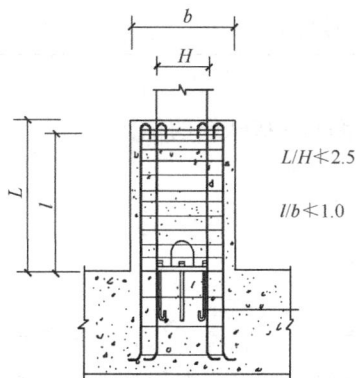

图 12.3-4　外包混凝土尺寸要求

L—外包混凝土高度；l—柱脚底板到外包层顶部箍筋的距离；

H—钢柱截面高度；b—外包混凝土宽度

8.6.1　2

　　外包混凝土的高度不应小于钢柱截面高度的 2.5 倍，

　　且从柱脚底板到外包层顶部箍筋的距离与外包混凝土宽度之比不应小于 1.0。

8.6.3 条文说明　当外包层高度较低时，外包层和柱面间很容易出现粘结破坏，为了确保刚度和承载力，外包层应达到柱截面的 2.5 倍以上，其厚度应符合有效截面要求。

图 12.3-5，《规程》规定了图中部件的构造要求。

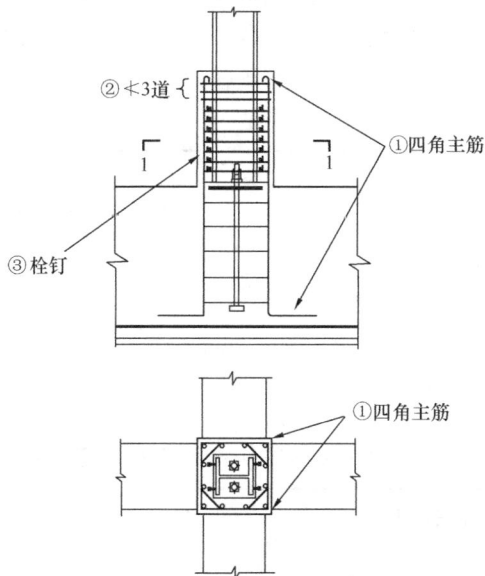

图 12.3-5　构造示意

① 外包层内纵向受力钢筋锚固

> **8.6.1 2**
> 外包层内纵向受力钢筋在基础内的锚固长度（l_a，l_{aE}）应根据《混凝土结构设计规范》的有关规定确定，
> 且四角主筋的上、下都应加弯钩，
> 弯钩投影长度不应于 15d；
>
> **8.6.3 条文说明**
> 若纵向钢筋的粘结力和锚固长度不够，纵向钢筋在屈服前会拔出，使承载力降低。为此，纵向钢筋顶部一定要设弯钩，下端也应设弯钩并确保锚固长度不小于 25d。

② 箍筋

> **8.6.1 2**
> 外包层中应配置箍筋，
> 箍筋的直径、间距和配箍率应符合《混凝土结构设计规范》钢筋混凝土柱的要求；
> 外包层顶部箍筋应加密，
> 且不应少于 3 道，
> 其间距不应大于 50mm。
>
> **8.6.3 条文说明**
> 如果箍筋太少，外包层就会出现斜裂缝，箍筋至少要满足通常钢筋混凝土柱的设计要求，其直径和间距应符合《混凝土结构设计规范》的规定为了防止出现承压裂缝，使剪力能从纵筋顺畅地传给钢筋混凝土，除了通常的箍筋外，柱顶密集配置三道箍筋十分重要。

③ 栓钉

> **8.6.1 2**
> 外包部分的钢柱翼缘表面宜设置栓钉。
>
> **8.6.3 条文说明**
> 栓钉对加强柱脚整体性作用是不可或缺的。

2. 计算要求

外包式柱脚按《高层民用建筑钢结构技术规程》要求应计算如下内容：

> **8.6.3 外包式柱脚的设计**
> **1** 验算柱脚底板下混凝土的局部承压；

2 验算柱脚的受弯承载力；

3 抗震设计时，柱脚极限受弯承载力应大于钢柱的全塑性受弯承载力；

4 验算柱脚的受剪承载力。

（1）验算柱脚的受弯承载力

《高层民用建筑钢结构设计规范》说明了外包式柱脚的受力机制：

8.6.3 条文说明

抗弯机制由钢筋混凝土外包层中的受拉纵筋和外包层受压区混凝土受压形成对弯矩的抗力。

试验表明，它的破坏过程首先是钢柱本身屈服（a），随后外包层受拉区混凝土出现裂缝（b）（c），然后外包层在平行于受弯方向出现斜拉裂缝（d），进而使外包层受拉区粘结破坏（e）。

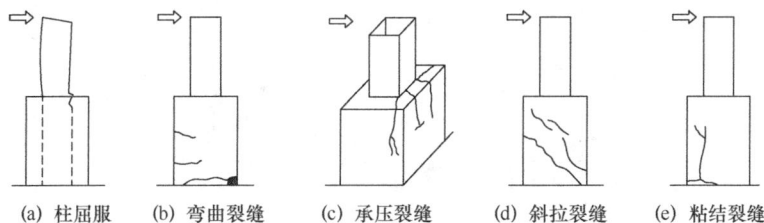

(a) 柱屈服　(b) 弯曲裂缝　(c) 承压裂缝　(d) 斜拉裂缝　(e) 粘结裂缝

图 4　外包式柱脚的受力机制

由受力过程分析可知，钢柱屈服、外包层开裂，两者均参与抵抗弯矩，因此弯矩由外包层混凝土和钢柱共同承担，见图 12.3-6。

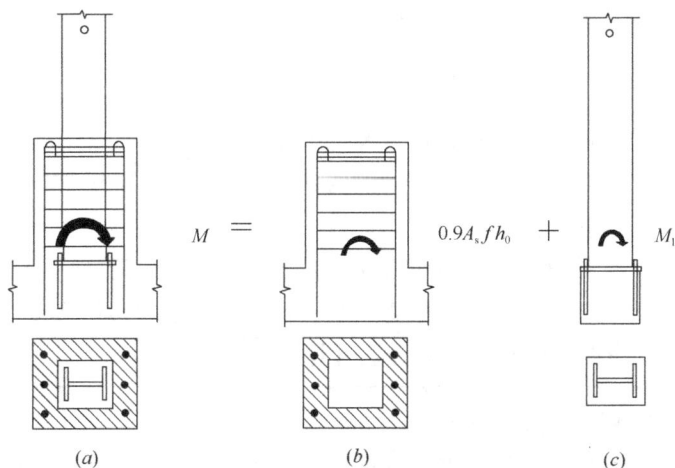

$$M = 0.9A_s f h_0 + M_1$$

(a)　　　　(b)　　　　(c)

图 12.3-6　抗弯计算

(a) 外包式柱脚；(b) 外包层混凝土；(c) 钢柱脚

图 12.3-7，外包层混凝土的受弯承载力由受拉纵筋和受压混凝土组成，近似取值：

$$M_s = 0.9A_s f h_0$$

式中　A_s——外包层混凝土中受拉侧的钢筋截面面积（mm^2）；

　　　f——受拉钢筋抗拉强度设计值（N/mm^2）；

　　　h_0——受拉钢筋合力点至混凝土受压区边缘的距离（mm）。

《高层民用建筑钢结构技术规程》规定：

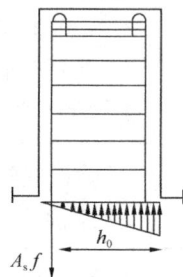

图 12.3-7　外包层
混凝土受弯分析

8.6.3 外包式柱脚的设计应符合下列规定：

　　2 弯矩由外包层混凝土和钢柱脚共同承担，按外包层的有效面积计算（图 8.6.3-1）。

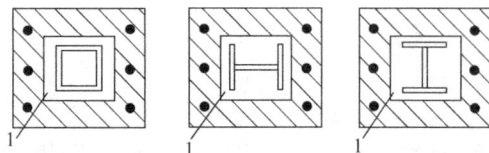

(a)受弯时的有效面积

图 8.6.3-1　斜线部分为外包式钢筋混凝土的有效面积

1—底板

柱脚的受弯承载力应按下式验算：

$$M \leqslant 0.9A_s f h_0 + M_1 \qquad (8.6.3-1)$$

式中　M——柱脚的弯矩设计值（N·mm）；

　　　A_s——外包层混凝土中受拉侧的钢筋截面面积（mm^2）；

　　　f——受拉钢筋抗拉强度设计值（N/mm^2）；

　　　h_0——受拉钢筋合力点至混凝土受压区边缘的距离（mm）；

　　　M_1——钢柱脚的受弯承载力（N·mm），按本规程第 8.6.2 条外露式钢柱脚 M_1 的计算方法计算。

（2）验算柱脚的受剪承载力

图 12.3-8，柱脚剪力也由外包层混凝土和钢柱脚共同承担。《高层民用建筑钢结构技术规程》规定：

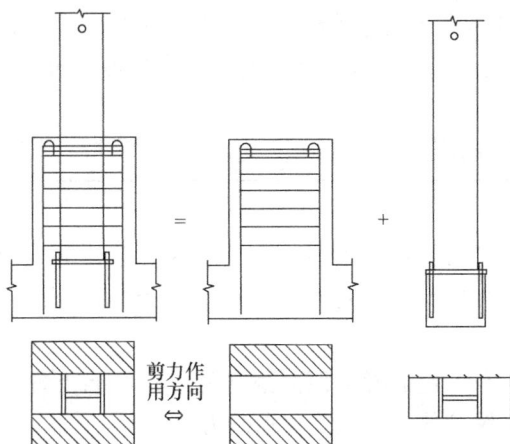

图 12.3-8 抗剪计算

8.6.3 外包式柱脚的设计应符合下列规定：

2 剪力由外包层混凝土和钢柱脚共同承担，按外包层的有效面积计算（图 8.6.3-1）。

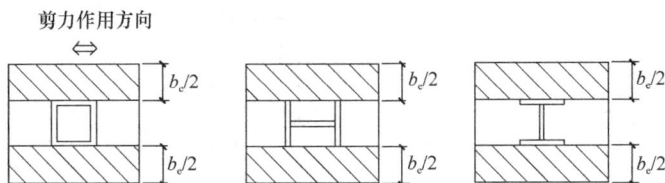

(b) 受剪时的有效面积

图 8.6.3-1 斜线部分为外包式钢筋混凝土的有效面积

4 外包层混凝土截面的受剪承载力应满足下式要求：

$$V \leqslant b_e h_0 (0.7 f_t + 0.5 f_{yv} \rho_{sh}) \qquad (8.6.3-6)$$

式中 V ——柱底截面的剪力设计值（N）；

b_e ——外包层混凝土的截面有效宽度（mm）（图 8.5.3-1b）；

f_t ——混凝土轴心抗拉强度设计值（N/mm²）；

f_{yv} ——箍筋的抗拉强度设计值（N/mm²）；

ρ_{sh} ——水平箍筋的配箍率；$\rho_{sh} = A_{sh}/b_e s$，当 $\rho_{sh} > 1.2\%$ 时，取 1.2%；A_{sh} 为配置在同一截面内箍筋的截面面积（mm²）；s 为箍筋的间距（mm）。

（3）强连接弱构件

1）受弯承载力

抗震设计时，柱脚极限受弯承载力应大于钢柱的全塑性受弯承载力。根据这个原则，首先确定塑性铰位置和全塑性受弯承载力，再确定柱脚极限受弯承载力。

《高层民用建筑钢结构技术规程》规定：

8.6.3 条文说明

为了确保外包层的塑性变形能力，要求在外包层顶部钢柱达到 M_{pc} 时能形成塑性铰。但是当柱尺寸较大时，外包层高度增大，此要求不易满足。

8.6.3 3

抗震设计时，在外包混凝土顶部箍筋处，柱可能出现塑性铰的柱脚极限受弯承载力应大于钢柱的全塑性受弯承载力。

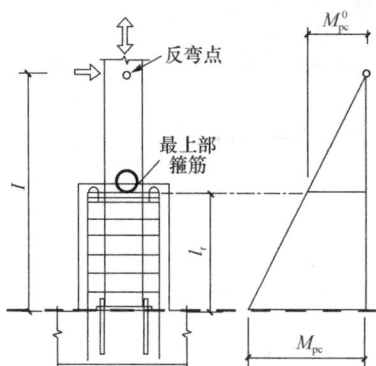

图 12.3-9　塑性铰位置及弯矩分布　　　图 12.3-10　柱脚极限受弯承载力

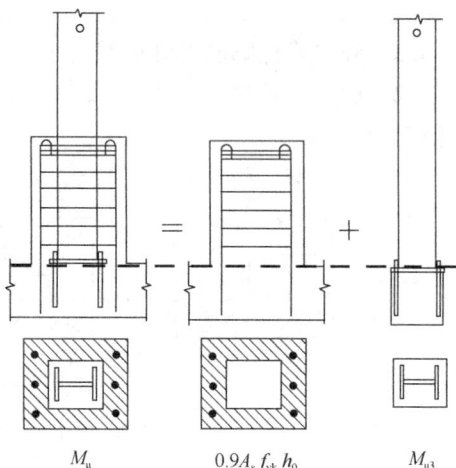

图 12.3-10，柱脚极限受弯承载力按下式计算：

$$M_u = 0.9 A_s f_{yk} h_0 + M_{u3}$$

式中　　M_u——柱脚连接的极限受弯承载力；

$0.9 A_s f_{yk} h_0$——外包层混凝土的受弯承载力；

f_{yk}——钢筋的抗拉强度最小值；

M_{u3}——钢柱脚的极限受弯承载力，按外露式钢柱脚 M_u 的计算方法计算。

上式表明极限受弯承载力 M_u 等于外包钢筋混凝土的抗弯承载力与 M_{u3} 之和。

图 12.3-9，最上部箍筋位置钢柱形成塑性铰时弯矩为 M_{pc}^0，对应柱脚弯矩为 M_{pc}，根据三角形比例关系得到两者关系：

$$M_{pc} = M_{pc}^0 / (1 - l_r / l)$$

式中　M_{pc}^0——考虑轴力时，钢柱截面的全塑性受弯承载力（N·mm），按本规程第 8.1.5 条的规定计算；

$\quad\quad M_{pc}$——考虑轴力影响，外包混凝土顶部箍筋处钢柱弯矩达到全塑性受弯承载力 M_{pc}^0 时，按比例放大的外包混凝土底部弯矩（N·mm）；

$\quad\quad l$——钢柱底板到柱反弯点的距离（mm），可取柱脚所在层层高的 2/3；

$\quad\quad l_r$——外包混凝土顶部箍筋到柱底板的距离（mm）。

抗震设计时，柱脚极限受弯承载力应大于钢柱的全塑性受弯承载力，则 M_u 应大于 M_{pc}。

$$M_u > \alpha M_{pc}$$

式中　α——连接系数，H 形柱取 1.2，箱形柱和圆管形柱取 1.0。

2）受剪承载力

《高层民用建筑钢结构技术规程》规定：

8.6.3 条文说明　抗震设计时，在柱脚达到最大受弯承载力之前，不应出现剪切裂缝。

8.6.3　2　剪力由外包层混凝土和钢柱脚共同承担。

《规程》规定了小震时抗剪承载力计算公式：

8.6.3　4　外包层混凝土截面的受剪承载力应满足下式要求：

$$V \leqslant b_e h_0 (0.7 f_t + 0.5 f_{yv}\rho_{sh}) \tag{8.6.3-6}$$

由上式可知，小震时仅考虑外包层混凝土的抗剪能力。大震时柱脚达到最大受弯承载力：

$$M_u = 0.9 A_s f_{yk} h_0 + M_{u3}$$

此时通过四步求出对应剪力：

① 柱脚达到最大受弯承载力时对应的剪力：M_u / l_r

② 钢柱脚承担的剪力：M_{u3} / l_r

③ 外包层混凝土截面分担的剪力：$M_u / l_r - M_{u3} / l_r$

④ 为保证柱脚达到最大受弯承载力之前不出现剪切裂缝，应满足下式：

$$M_u / l_r - M_{u3} / l_r \leqslant b_e h_0 (0.7 f_{tk} + 0.5 f_{yvk}\rho_{sh})$$

$$M_u / l_r \leqslant b_e h_0 (0.7 f_{tk} + 0.5 f_{yvk}\rho_{sh}) + M_{u3} / l_r$$

设 $V_u = b_e h_0 (0.7 f_{tk} + 0.5 f_{yvk}\rho_{sh}) + M_{u3} / l_r$，得到 $V_u \geqslant M_u / l_r$。

《高层民用建筑钢结构技术规程》规定：

8.6.3 4 抗震设计时尚应满足下列公式要求：

$$V_u \geqslant M_u/l_r \qquad (8.6.3\text{-}7)$$

$$V_u = b_e h_0 (0.7 f_{tk} + 0.5 f_{yvk} \rho_{sh}) + M_{u3}/l_r \qquad (8.6.3\text{-}8)$$

式中 V_u ——外包式柱脚的极限受剪承载力（N）；

b_e ——外包层混凝土的截面有效宽度（mm）（图8.6.3-1b）；

f_{tk} ——混凝土轴心抗拉强度标准值（N/mm²）；

f_{yvk} ——箍筋的抗拉强度标准值（N/mm²）；

ρ_{sh} ——水平箍筋的配箍率；$\rho_{sh} = A_{sh}/b_e s$，当 $\rho_{sh} > 1.2\%$ 时，取 1.2%；A_{sh} 为配置在同一截面内箍筋的截面面积（mm²）；s 为箍筋的间距（mm）。

12.3.5 埋入式柱脚

《高层民用建筑钢结构技术规程》规定：

8.6.1 3 钢柱埋入式柱脚是将柱脚埋入混凝土基础内（图8.6.1-1c），钢柱脚底板应设置锚栓与下部混凝土连接。

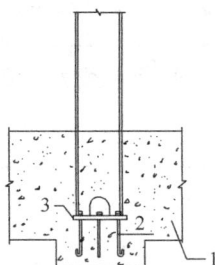

(c) 埋入式柱脚

图8.6.1-1 柱脚的不同形式

1—基础；2—锚栓；3—底板

8.6.1 抗震设计时，宜优先采用埋入式；

1. 构造要求

（1）埋置深度

8.6.1 3 H形截面的埋置深度不应小于钢柱截面高度的2倍，箱形柱的埋置深度不应小于柱截面长边的2.5倍，圆管柱的埋置深度不应小于柱外径的3倍。

（2）设置隔板或填充混凝土

图 12.3-11 表示地震作用下埋入式柱脚的钢与混凝土接触面的应力分布情况，这种应力分布情况影响埋入式柱脚的构造做法。

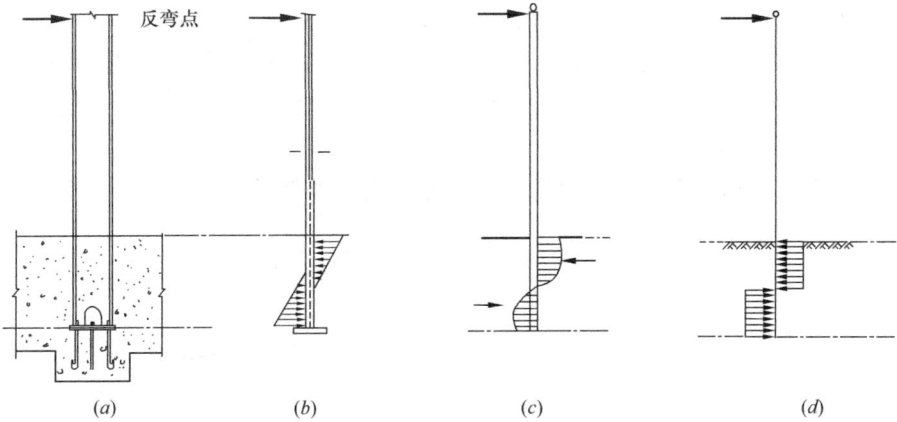

图 12.3-11　各阶段埋入部分受力分析

图 12.3-12，为抵抗埋入部分壁板承受的压应力，防止局部变形，应设置隔板或填充混凝土加强壁板，《高层民用建筑钢结构技术规程》规定：

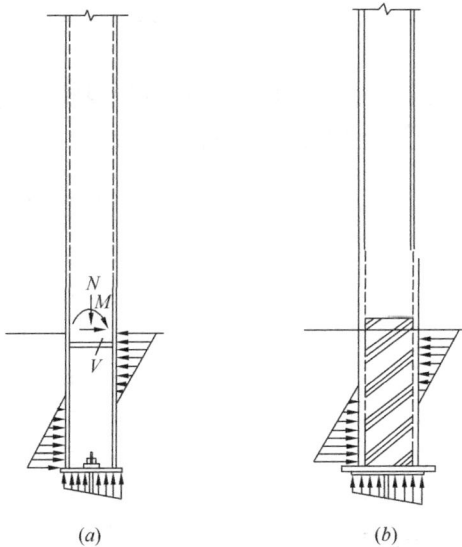

图 12.3-12　埋入部分的构造措施

（a）设置隔板；（b）填充混凝土

8.6.1 3 当箱形柱壁板宽厚比大于 30 时，应在埋入部分的顶部设置隔板；

也可在箱形柱的埋入部分填充混凝土，当混凝土填充至基础顶部以上 1 倍箱形截面高度时，埋入部分的顶部可不设隔板。

8.6.4 3 采用箱形柱时埋入式柱脚的构造应符合下列规定：

1) 截面宽厚比或径厚比比较大的箱形柱和圆管柱，其埋入部分应采取措施防止在混凝土侧压力下被压坏。常用方法是填充混凝土（图 8.6.4-2b）；

2) 隔板的厚度应按计算确定，外隔板的外伸长度不应柱边长（或管径）的 1/10。

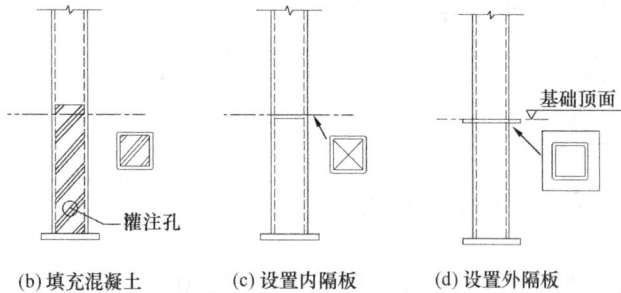

(b) 填充混凝土　　　(c) 设置内隔板　　　(d) 设置外隔板

图 8.6.4-2　埋入式柱脚的抗压构造

（3）U 形钢筋

图 12.3-13，地震作用较大时，边（角）柱外侧混凝土（虚线部分）承受压力 T_y，为保证此处混凝土安全，应增设 U 形钢筋平衡压力 T_y，如图 12.3-14 所示。

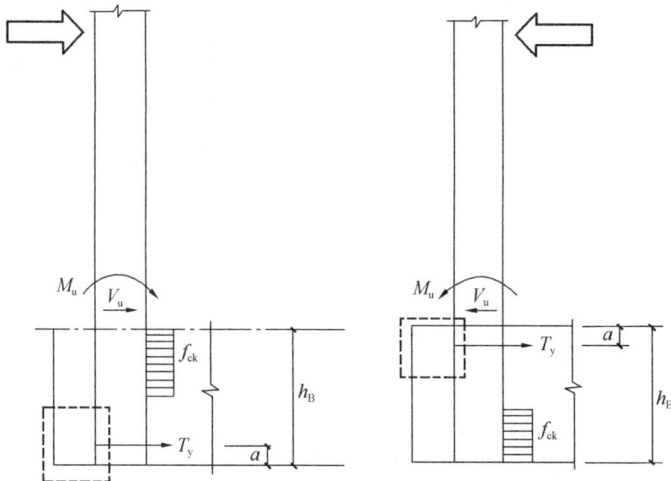

图 12.3-13　边（角）柱外侧混凝土受压区域（虚线）

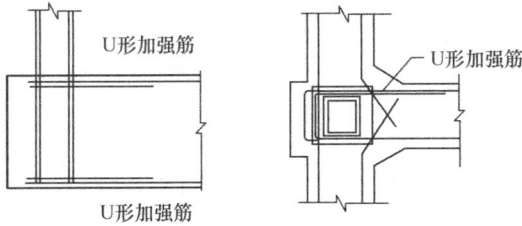

图 12.3-14 U形加强筋

$$T_y = A_t f_{yk}$$

式中 T_y ——U形加强筋受拉承载力（N/mm²）；

A_t ——U形加强筋的截面面积（mm²）之和；

f_{yk} ——U形加强筋的强度标准值（N/mm²）。

《高层民用建筑钢结构技术规程》规定：

8.6.4 4 抗震设计时，在基础顶面处钢柱可能出现塑性铰的边（角）柱的柱脚埋入混凝土基础部分的上、下部位均需布置U形钢筋加强。

8.6.1 3 在边柱和角柱柱脚中，埋入部分的顶部和底部尚应设置U形钢筋（图8.6.1-2b），U形钢筋的开口应向内；U形钢筋的锚固长度应从钢柱内侧算起，锚固长度（l_a，l_{aE}）应根据《混凝土结构设计规范》的有关规定确定。

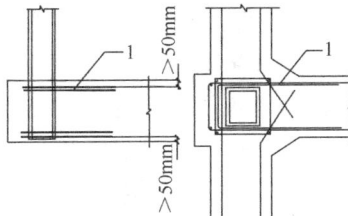

(b) 边柱U形加强筋的设置示意

图8.6.1-2 埋入式柱脚的其他构造要求
1—U形加强筋（二根）

T_y抵抗的柱脚极限受弯承载力 M_u 可取 M_{pc}，即考虑轴力影响的钢柱截面全塑性受弯承载力，由《规程》公式可计算得到U形钢筋数量：

8.6.4 4 可按下列公式验算U形钢筋数量：

1）当柱脚受到由内向外作用的剪力时（图8.6.4-3a）：

$$M_u \leqslant f_{ck} b_c l \left\{ \frac{T_y}{f_{ck} b_c} - l - h_B + \sqrt{(l+h_B)^2 - \frac{2T_y(l+a)}{f_{ck} b_c}} \right\} \quad (8.6.4\text{-}4)$$

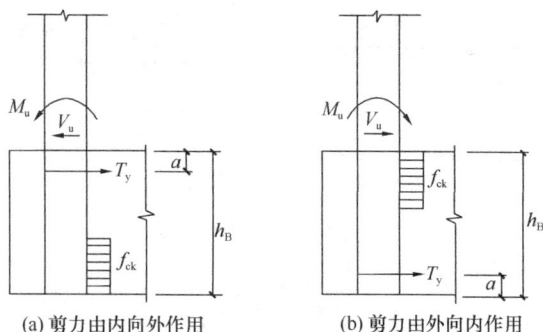

(a) 剪力由内向外作用　　　　(b) 剪力由外向内作用

图 8.6.4-3　埋入式钢柱脚 U 形加强筋计算简图

2）当柱脚受到由外向内作用的剪力时（图 8.6.4-3a）：

$$M_u \leqslant -(f_{ck}b_cl^2 + T_yl) + f_{ck}b_cl\sqrt{l^2 + \frac{2T_y(l+h_B-a)}{f_{ck}b_c}} \quad (8.6.4-5)$$

式中　M_u ——柱脚埋入部分由 U 形加强筋提供的侧向极限受弯承载力（N・mm），可取 M_{pc}；

T_y ——U 形加强筋的受拉承载力（N/mm²），$T_y = A_tf_{yk}$，A_t 为 U 形加强筋的截面面积（mm²）之和；f_{yk} 为 U 形加强筋的强度标准值（N/mm²）；

a ——U 形加强筋合力点到基础上表面或到柱底板下表面的距离（mm）（图 8.6.4-3）；

l ——基础顶面到钢柱反弯点的高度（mm），可取柱脚所在层层高的 2/3；

h_B ——钢柱脚埋置深度（mm）；

b_c ——与弯矩作用方向垂直的柱身尺寸（mm）。

（4）保护层厚度

《高层民用建筑钢结构技术规程》规定：

8.6.1　3　钢柱埋入式柱脚是将柱脚埋入混凝土基础内。钢柱埋入部分的侧边混凝土保护层厚度要求（图 8.6.1-2a）：

C_1 不得小于钢柱受弯方向截面高度的一半，且不小于 250mm，

C_2 不得小于钢柱受弯方向截面高度的 2/3，且不得小于 400mm。

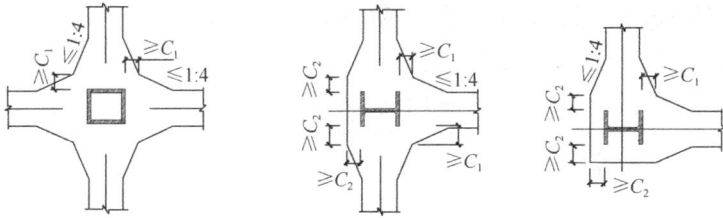

(a) 埋入式钢柱脚的保护层厚度

图 8.6.1-2 埋入式柱脚的其他构造要求

（5）①锚栓、②竖筋、③箍筋、④栓钉、⑤隔板的规定

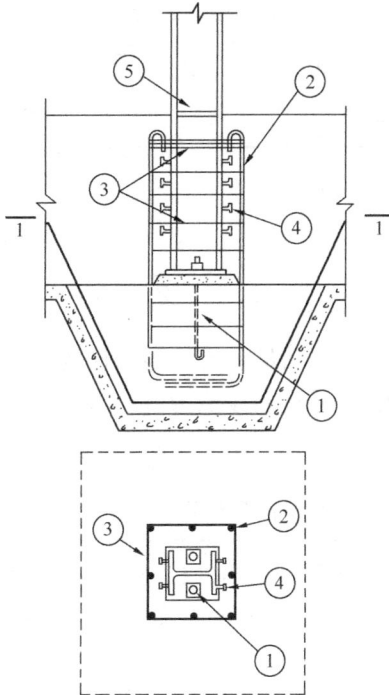

图 12.3-15 埋入式柱脚

《高层民用建筑钢结构技术规程》规定：

8.6.1 3

① 钢柱脚底板应设置锚栓与下部混凝土连接（**8.6.4 条文说明** 因柱子的弯矩和剪力是靠混凝土的承压力传递的，当埋深较深时，在锚栓中几乎不引起内力，但柱受拉时，锚栓对传递内力起支配作用）；

② 钢柱埋入部分的四角应设置竖向钢筋；

③ 四周应配置箍筋，箍筋直径不应小于 10mm，其间距不大于 250mm；

④ 埋入部分的柱表面宜设置栓钉；

⑤ 在混凝土基础顶部，钢柱应设置水平加劲肋。

2. 强连接弱构件

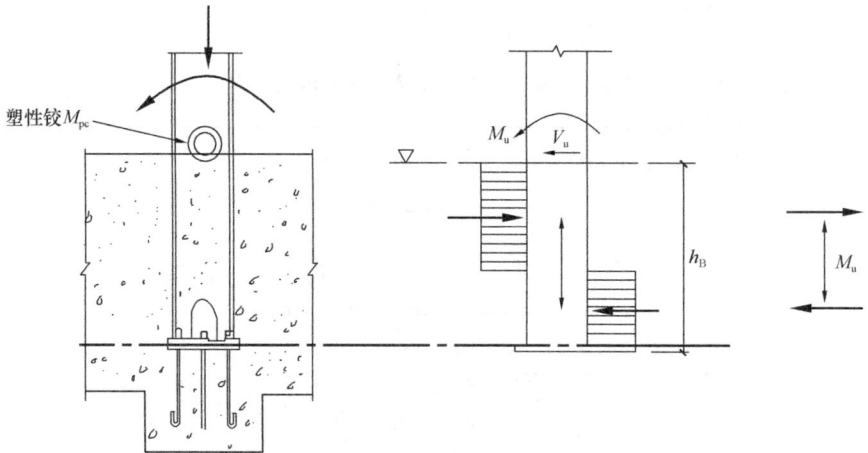

图 12.3-16　受力分析

图 12.3-16，埋入式柱脚应满足强连接弱构件的设计要求，基础顶面塑性铰弯矩 M_{pc} 应小于埋入部分的极限受弯承载力 M_u：

$$M_u \geqslant \alpha M_{pc}$$

《高层民用建筑钢结构技术规程》规定：

8.6.4　2 抗震设计时，在基础顶面处柱可能出现塑性铰的柱脚应按埋入部分钢柱侧向应力分布（图 8.6.4-1）验算在轴力和弯矩作用下基础混凝土的侧向抗弯承载力。

埋入式柱脚的极限受弯承载力不应小于钢柱全塑性抗弯承载力：

$$M_u \geqslant \alpha M_{pc} \tag{8.6.4-1}$$

$$M_u = f_{ck}b_c l\left\{\sqrt{(2l+h_B)^2+h_B^2}-(2l+h_B)\right\} \tag{8.6.4-2}$$

式中　M_u——柱脚埋入部分承受的极限受弯承载力（N·mm）；

　　　M_{pc}——考虑轴力影响时钢柱截面的全塑性受弯承载力（N·mm），按本规程 8.1.5 条的规定计算；

　　　l——基础顶面到钢柱反弯点的距离（mm），可取柱脚所在层层高的 2/3；

156

b_c——与弯矩作用方向垂直的柱身宽度，对 H 形截面柱应取等效宽度（mm）；

h_B——钢柱脚埋置深度（mm）；

f_{ck}——基础混凝土抗压强度标准值（N/mm²）；

α——连接系数，按本规程表 8.1.3 的规定采用。

表 8.1.3　钢构件连接的连接系数 α

柱　脚	
埋入式	1.2 (1.0)

注：3　括号内的数字用于箱形柱和圆管柱

极限受弯承载力对应的剪力不应大于钢柱的全塑性抗剪承载力

$$V_u = M_u/l \leqslant 0.58 h_w t_w f_y \qquad (8.6.4\text{-}2)$$

12.4　支撑与框架的连接

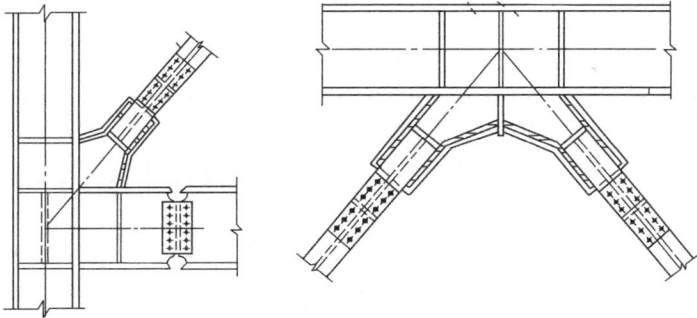

图 12.4-1　支撑与框架的连接

图 12.4-1，《高层民用建筑钢结构技术规程》指出：

8.1.1 条文说明　钢框架的连接主要包括：支撑与框架的连接。

12.4.1　构造要求

1. 连接形式

支撑为填板连接的组合截面可采用节点板连接（图 12.4-2），抗震设计时 H 形钢支撑应采用刚接（图 12.4-3）。《高层民用建筑钢结构技术规程》规定：

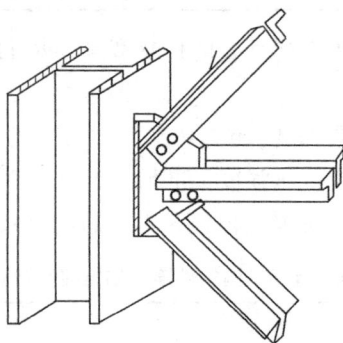

图 12.4-2　节点板连接

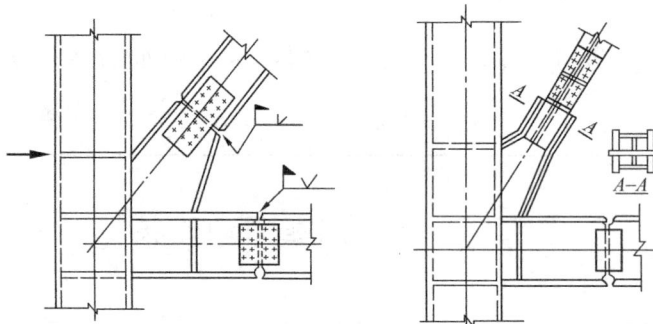

图 12.4-3　刚接

8.7.3　中心支撑与梁柱连接处的构造应符合下列规定：

　　2　抗震设计时，支撑宜采用 H 形钢制作，在构造上两端应刚接。

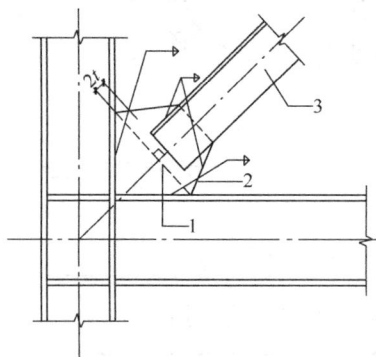

图 8.7.3　组合支撑杆件端部与单壁节点板的连接

　　3　当支撑杆件为填板连接的组合截面时，可采用节点板进行连接（图 8.7.3）。

2. 平面外计算长度

《高层民用建筑钢结构技术规程》规定：

8.7.2 当支撑翼缘朝向框架平面外，且采用支托式连接时（图8.7.2a、b），其平面外计算长度可取轴线长度的0.7倍；

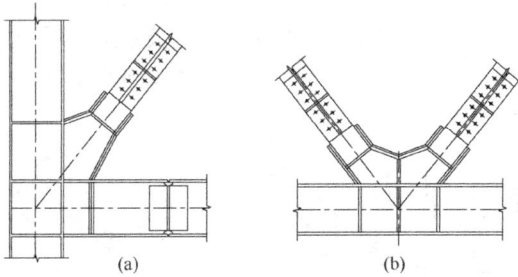

图8.7.2 支撑与框架的连接

当支撑腹板位于框架平面内时（图8.7.2c、d），其平面外计算长度可取轴线长度的0.9倍。

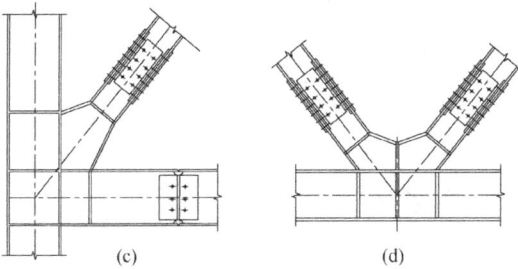

图8.7.2 支撑与框架的连接

3. 其他构造要求

图12.4-4，梁柱中应设置加劲肋，加劲肋承受支撑翼缘分担的轴力。《高层

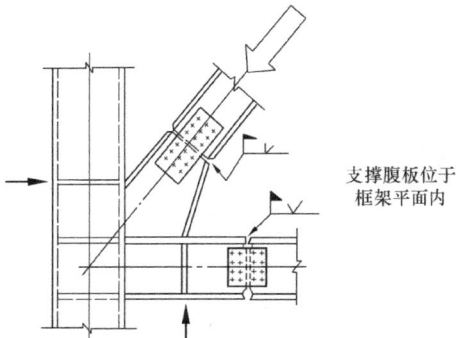

支撑腹板位于框架平面内

图12.4-4 加劲肋承受翼缘轴力

159

民用建筑钢结构技术规程》规定：

> **8.7.3** 中心支撑与梁柱连接处的构造应符合下列规定：
> **1** 柱和梁在与 H 形截面支撑翼缘的连接处，应设置加劲肋。
> 加劲肋应按承受支撑翼缘分担的轴心力对柱或梁的水平或竖向分力计算。

图 12.4-5，当支撑翼缘朝向框架平面外时，支托作为受力过渡部件将支撑轴力传递给节点板。节点板翼缘对应位置处应设置加劲肋，如图 12.4-6。

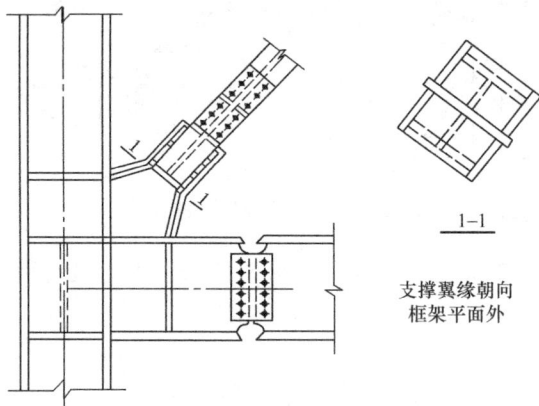

支撑翼缘朝向
框架平面外

图 12.4-5　支托式连接

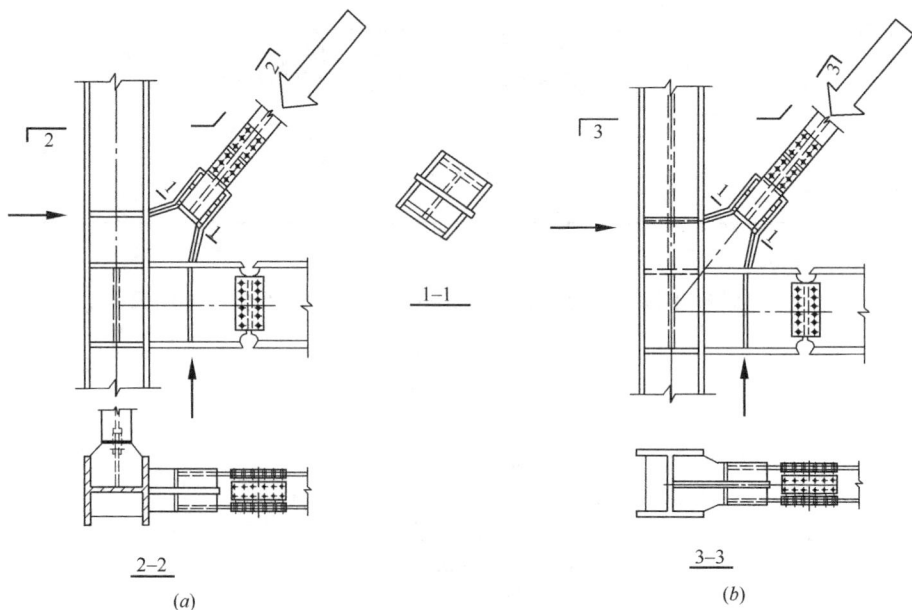

图 12.4-6　支托和加劲肋
(*a*) 框架强轴；(*b*) 框架弱轴

图 12.4-7，箱形截面柱与 H 形支撑连接处，应设置隔板。图 12.4-8，H 形支撑翼缘与框架构件连接处宜做成圆弧形。

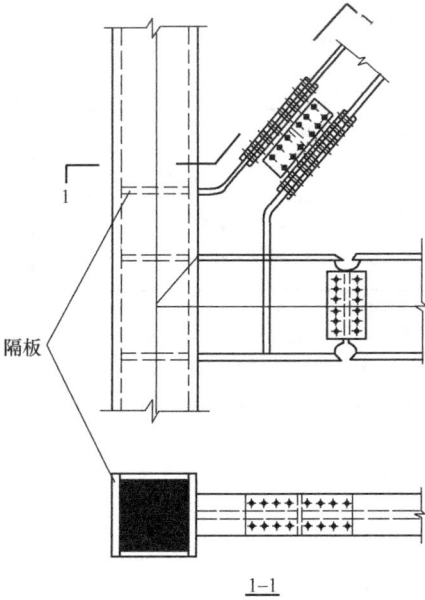

图 12.4-7　箱形柱设置隔板　　　　　图 12.4-8　H 形支撑翼缘的圆弧形连接

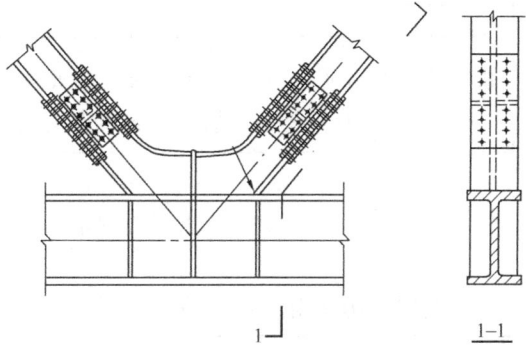

8.7.3　中心支撑与梁柱连接处的构造应符合下列规定：

　　1　H 形截面支撑翼缘与箱形柱连接时，在柱壁板的相应位置应设置隔板。

　　H 形截面支撑翼缘端部与框架构件连接处，宜做成圆弧。

　　支撑通过节点板连接时，节点板边缘与支撑轴线的夹角不应小于 $30°$。

12.4.2　强连接弱构件

中心支撑与框架连接和支撑拼接按轴心受拉计算，并应符合强连接弱构件的设计原则，连接和拼接的极限受拉承载力大于构件屈服受拉承载力。

8.7.1　中心支撑与框架连接和支撑拼接的设计承载力应符合下列规定：

　　1　抗震设计时，支撑在框架连接处和拼接处的受拉承载力应满足下式要求：

$$N_{\mathrm{ubr}}^{\mathrm{j}} \geqslant \alpha A_{\mathrm{br}} f_{\mathrm{y}} \tag{8.7.1}$$

式中　$N_{\mathrm{ubr}}^{\mathrm{j}}$ ——支撑连接的极限受拉承载力（N）；

A_{br}——支撑斜杆的截面面积（mm^2）；

f_y——支撑斜杆钢材的屈服强度（N/mm^2）；

α——连接系数，按本规程表8.1.3的规定采用。

表8.1.3　钢构件连接的连接系数 α

母材牌号	支撑连接、构件拼接	
	母材或连接板破坏	高强螺栓破坏
Q235	1.25	1.30
Q345	1.20	1.25
Q345GJ	1.10	1.15

8.7.1 条文说明　为了安装方便，有时将支撑两端在工厂与框架构件焊接在一起，支撑中部设工地拼接，此时拼接应按式（8.7.1）计算。

12.5　构　件　拼　接

《高层民用建筑钢结构技术规程》指出：

8.1.1 条文说明　钢框架的连接主要包括：构件拼接。

12.5.1　柱与柱的连接

1. 截面形式

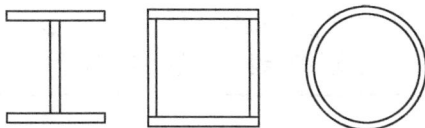

图12.5-1　钢框架柱截面形式　　图12.5-2　钢骨混凝土柱截面形式

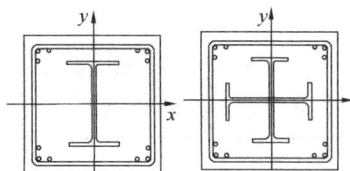

图12.5-1，图12.5-2《高层民用建筑钢结构技术规程》规定：

8.4.1　柱与柱的连接应符合下列规定：

　　1　钢框架宜采用H形柱、箱形柱或圆管柱，
钢骨混凝土柱中钢骨宜采用H形或十字形。

8.4.1 条文说明　当高层民用建筑钢结构底部有钢骨混凝土结构层时，H形截面钢柱延伸至钢骨混凝土中仍为H形截面，而箱形柱延伸至钢骨混凝土中，应改用十字形截面，以便于与混凝土结合成整体。

2. 拼接位置

柱与柱的连接位置应考虑安装操作方便和受力因素，《高层民用建筑钢结构技术规程》规定：

> **8.4.1** 柱与柱的连接应符合下列规定：
>
> **2** 框架柱的拼接处至梁面的距离应为 1.2～1.3m 或柱净高的一半，取二者的较小值。
>
> **8.4.1 条文说明** 框架柱拼接处距楼面的高度，考虑了安装时操作方便，也考虑位于弯矩较小处。操作不便将影响焊接质量，不宜设在低于本条第 2 款规定的位置。

3. 焊缝要求

图 12.5-3，抗震设计时拼接处应采用全熔透坡口焊缝，不必做相应计算；图 12.5-4，非抗震设计时可采用单边坡口焊缝，但应验算承载力。

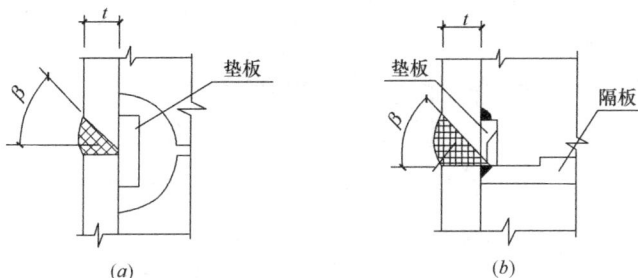

图 12.5-3　全熔透坡口焊缝

（a）H 形钢翼缘全熔透坡口；（b）箱形柱壁板全熔透坡口

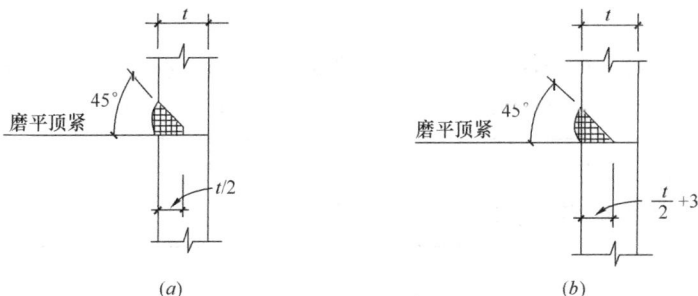

图 12.5-4　部分熔透焊缝

（a）单边 J 形坡口焊；（b）单边 V 形坡口焊

《高层民用建筑钢结构技术规程》规定：

8.4.1 柱与柱的连接应符合下列规定：

2 抗震设计时，框架柱的拼接应采用坡口全熔透焊缝。柱拼接属于重要焊缝，抗震设计时应采用一级全熔透焊缝。

非抗震设计时，柱拼接也可采用部分熔透焊缝。

3 采用部分熔透焊缝进行柱拼接时，应进行承载力验算。当内力较小时，设计弯矩不得小于柱全塑性弯矩的一半。

8.4.5 条文说明 柱的拼接采用坡口全熔透焊缝和柱身等强，不必做相应计算。

《规程》详细说明了部分熔透焊缝的构造及受力情况：

8.4.4 非抗震设计的高层民用建筑钢结构，当柱的弯矩较小且不产生拉力时，可通过上下柱接触面直接传递 25% 的压力和 25% 的弯矩，此时柱的上下端应磨平顶紧，并应与柱轴线垂直。坡口焊缝的有效深度 t_w 不宜小于板厚的 1/2（图 8.4.4）。

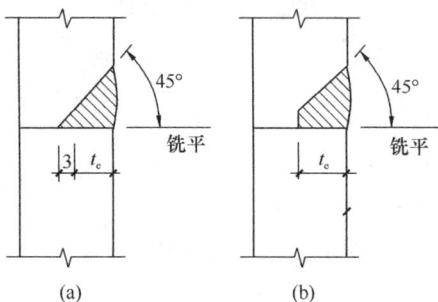

图 8.4.4　柱接头的部分熔透焊缝

8.4.4 条文说明 本条规定，上下柱接触面可直接传递压力和弯矩各 25%。

8.4.1　3 设计弯矩不得小于柱全塑性弯矩的一半。

4. 柱的变截面连接

《高层民用建筑钢结构技术规程》规定：

8.4.7 当需要改变柱截面积时，柱截面高度宜保持不变而改变翼缘厚度。

（**条文说明** 当柱需要改变截面时，宜将变截面段设于梁接头部位，使柱在层间保持等截面，变截面端的坡度不宜过大。）

当需要改变柱截面高度时，对边柱宜采用图 8.4.7a 的做法，对中柱宜采用图 8.4.7b 的做法，变截面的上下端均应设置隔板。

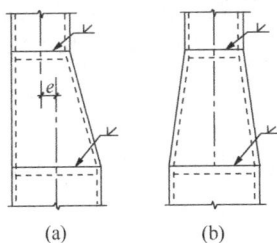

图 8.4.7　柱的变截面连接

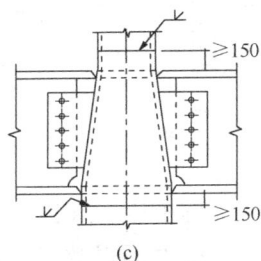

图 8.4.7　柱的变截面连接

当变截面段位于梁柱接头时，可采用图 8.4.7c 的做法，变截面两端距梁翼缘不宜小于 150mm（**条文说明**　为避免焊缝重叠，柱变截面上下接头的标高，应离开梁翼缘连接焊缝至少 150mm）。

图 12.5-5，十字形柱与箱形柱之间设置过渡段，且结构过渡的楼层应设置栓钉，保证传力平稳和提高结构的整体性。

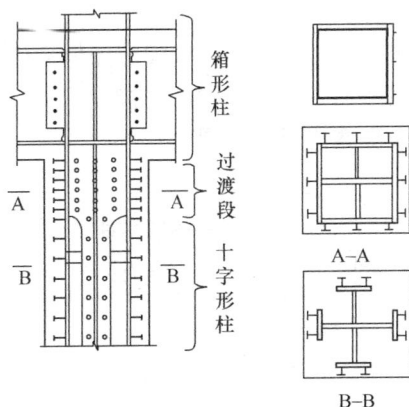

图 12.5-5　十字形柱与箱形柱的过渡

8.4.8 十字形柱与箱形柱相连处，在两种截面的过渡段中，十字形柱的腹板应伸入箱形柱内，其伸入长度不应小于钢柱截面高度加 200mm（图 8.4.8）。

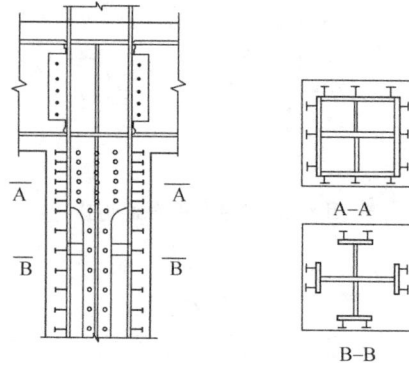

图 8.4.8 十字形柱与箱形柱的连接

与上部钢结构相连的钢骨混凝土柱，沿其全高应设栓钉，栓钉间距和列距在过渡段内宜采用 150mm，最大不得超过 200mm；在过渡段外不应大于 300mm。

8.4.8 条文说明 十字形柱与箱形柱连接处的过渡段，位于主梁之下，紧靠主梁。在钢结构向钢骨混凝土结构过渡的楼层，为了保证传力平稳和提高结构的整体性，栓钉是不可缺少的。

12.5.2 梁与梁的连接

1. 拼接位置

主梁的拼接接头应设置在框架节点塑性区外、内力较小位置，并考虑施工安装方便。拼接的形式主要有：

（1）翼缘为全熔透焊接，腹板用高强度螺栓摩擦型连接（图 12.5-6a）；

（2）翼缘和腹板都用高强度螺栓摩擦型连接（图 12.5-6b）；

（3）翼缘和腹板均为全熔透焊接（图 12.5-6c）。

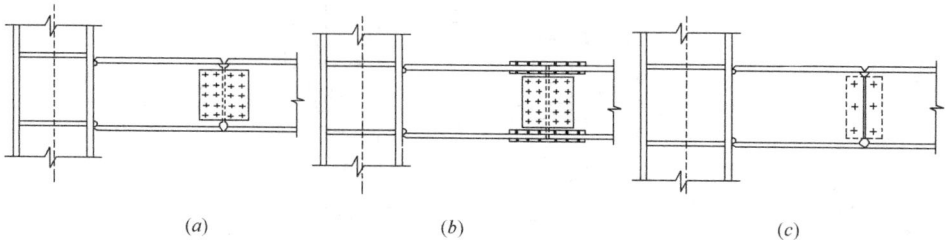

(a)	(b)	(c)

图 12.5-6 拼接形式

（a）栓焊拼接；（b）全拴接；（c）全焊接

《高层民用建筑钢结构技术规程》规定：

8.5.1 梁的拼接应符合下列规定：
    1 翼缘采用全熔透对接焊缝，腹板用高强度螺栓摩擦型连接；
    2 翼缘和腹板均采用高强度螺栓摩擦型连接；
    3 三、四级和非抗震设计时可采用全截面焊接。

当采用高强度螺栓摩擦型连接时，应进行承载力计算。

8.5.1 梁的拼接应符合下列规定：
    4 抗震设计时，应先做螺栓连接的抗滑移承载力计算，然后再进行极限承载力计算；非抗震设计时，可只做抗滑移承载力计算。
8.1.6 高层民用建筑钢结构承重构件的螺栓连接，应采用高强度螺栓摩擦型连接。考虑罕遇地震时连接滑移，螺栓杆与孔壁接触，极限承载力按承压型连接计算。

2. 强连接弱构件
拼接的极限受弯承载力大于构件的全塑性受弯承载力。

8.5.2 梁拼接的受弯、受剪承载力应符合下列规定：
    1 梁拼接的受弯、受剪极限承载力应满足下列公式要求：

$$M_{ub,sp}^j \geqslant \alpha M_p \qquad (8.5.2\text{-}1)$$

$$V_{ub,sp}^j \geqslant \alpha(2M_p/l_n) + V_{Gb} \qquad (8.5.2\text{-}2)$$

式中　$M_{ub,sp}^j$ ——梁拼接的极限受弯承载力（kN）；
      $V_{ub,sp}^j$ ——梁拼接的极限受剪承载力（kN·m）；
      α ——连接系数，按本规程表 8.1.3 的规定采用。

表 8.1.3　钢构件连接的连接系数 α

母材牌号	支撑连接、构件拼接	
	母材或连接板破坏	高强螺栓破坏
Q235	1.25	1.30
Q345	1.20	1.25
Q345GJ	1.10	1.15

M_p ——梁的全塑性受弯承载力（kN·m）；
$2M_p$ ——梁两端截面的塑性受弯承载力之和（kN·m）；

V_{Gb}——梁在重力荷载代表值作用下，按简支梁分析的梁端截面剪力设计值（kN）；

l_n——梁的净跨（m）。

8.2.1 条文说明　梁截面通常由弯矩控制，故梁的极限受剪承载力取与极限受弯承载力对应的剪力加竖向荷载产生的剪力。

图 12.5-7，当梁拼接采用高强度螺栓连接时，翼缘的拼接板长、腹板的拼接板短，翼缘的刚度增加的多、腹板的刚度增加的少，弯矩有从腹板向翼缘传递的趋势，即拼接板导致弯矩在翼缘和腹板之间重新分配。

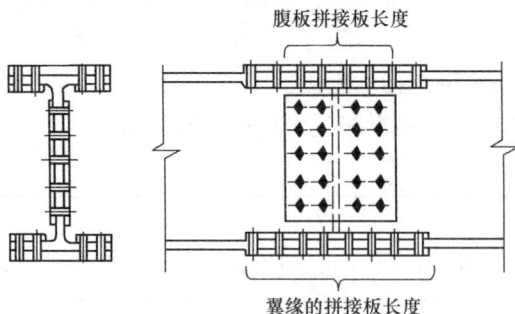

图 12.5-7　全拴接

8.5.2 条文说明　高强度螺栓拼接在弹性阶段的抗弯计算，腹板的弯矩传递系数需乘以降低系数 ψ，是因为梁弯矩是在翼缘和腹板的拼接板间按其截面惯性矩所占比例进行分配的，由于梁翼缘的拼接板长度大于腹板拼接板长度，在其附近的梁腹板弯矩，有向刚度较大的翼缘侧传递的倾向，其结果使腹板拼接部分承受的弯矩减小。根据试验结果对腹板拼接所受弯矩考虑了折减系数 0.4。

8.5.2 2　框架梁的拼接，当全截面采用高强度螺栓连接时，其在弹性设计时计算截面的翼缘和腹板弯矩宜满足下列公式要求：

$$M = M_f + M_w \geqslant M_j \qquad (8.5.2\text{-}3)$$

$$M_f \geqslant (1 - \psi \cdot I_w/I_0)M_j \qquad (8.5.2\text{-}4)$$

$$M_w \geqslant (\psi \cdot I_w/I_0)M_j \qquad (8.5.2\text{-}5)$$

式中　M_f、M_w——分别为拼接处梁翼缘和梁腹板的弯矩设计值（kN·m）；

M_j——拼接处梁的弯矩设计值原则上应等于 $W_b f_y$，当拼接处弯矩较小时，不应小于 $0.5W_b f_y$，W_b 为梁的截面塑性模量，f_y 为梁钢材的屈服强度（MPa）；

I_w ——梁腹板的截面惯性矩（m^4）；

I_0 ——梁的截面惯性矩（m^4）；

ψ ——弯矩传递系数，取 0.4。

3. 次梁与主梁的连接

次梁与主梁宜采用简支连接（图 12.5-8），当次梁跨度较大时为减小次梁挠度，可采用刚性连接。

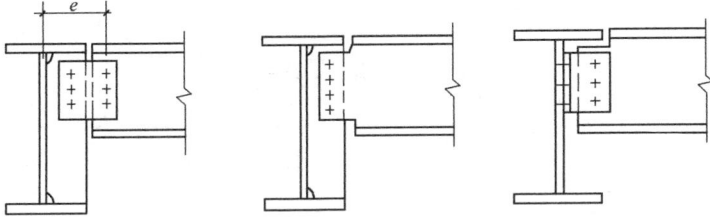

图 12.5-8　次梁与主梁简支连接

8.5.4　次梁与主梁的连接宜采用简支连接，

（条文说明）次梁与主梁的连接，一般为次梁简支于主梁，次梁腹板通过高强度螺栓与主梁连接。

8.5.4　必要时也可采用刚性连接（图 8.5.4）。

（条文说明）次梁与主梁的刚性连接用于梁的跨度较大，要求减小梁的挠度时。图 8.5.4 为次梁与主梁刚性连接的构造举例。

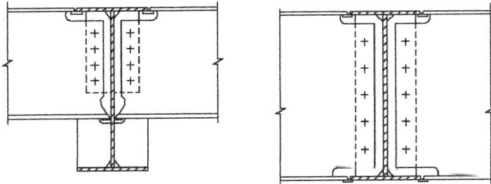

图 8.5.4　梁与梁的刚性连接

4. 隔撑

《高层民用建筑钢结构技术规程》规定：

8.5.5　抗震设计时，框架梁受压翼缘根据需要设置侧向支承（图 8.5.5），在出现塑性铰的截面上、下翼缘均应设置侧向支承。

当梁上翼缘与楼板有可靠连接时，固端梁下翼缘在梁端 0.15 倍梁跨附近均宜设置隔撑（图 8.5.5a）。

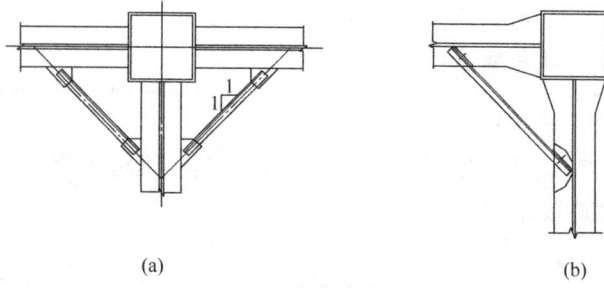

(a)   (b)

图 8.5.5   梁的隔撑设置